U0001825

掌握飲食金字塔，台灣家庭也能實踐的健康減醣料理

輕盈・減齡・防失智！
地中海美味廚房

Mediterranean
Diet

作者——彭安安　營養諮詢——李婉萍

Contents

100　專業營養師這樣說
　　　納入地中海飲食的推薦在地食材

Part2

週週吃！魚類海鮮與蛋、白肉

Part3

一週一次的輕盈減醣點心

158　Column 04　專業營養師這樣說
　　　為什麼常吃糖會讓你老？

Part4
用量販店食材嘗試地中海飲食

PROLOGUE
作者序

自從在宜蘭社區大學開班教學「地中海飲食」之後，就一直想將這個飲食法推薦給大眾，因為它的烹調方式簡單，在台灣家庭裡也能輕鬆下廚，而且它是世界公認的健康飲食法，也很受到現代營養學的推崇。

什麼是「地中海飲食」呢？源自於環地中海沿岸的不同國家與各自的飲食文化，大約涵蓋了希臘、克里特島、義大利南部、法國南部、西班牙及北非…等。典型的地中海飲食包括大量蔬菜、水果、豆類、全穀物和堅果，例如全麥麵包、義大利麵和糙米，還有適量的魚、白肉和低脂乳製品，主要的用油則是橄欖油，它含有單元不飽和脂肪酸，本書還特地邀請了人良油坊創辦人-葉先生分享正確的好油知識。

英國心臟基金會高級營養師維多利亞‧泰勒（Victoria Taylor）曾針對地中海飲食提出了她的看法：地中海區域飲食中的脂肪量將近3-4成，但他們吃的不是飽和脂肪，而是大量橄欖油，再加上種類多元的好蔬果！單元不飽和脂肪酸及抗氧化物的結合，對於身在台灣的我們來說，也是非常好、易達成的飲食法。而且各國專家研究傳統的地中海飲食至今，已證明可降低現代人罹患許多疾病的風險，例如：糖尿病、高血壓、高膽固醇與心臟疾病。研究中還發現，正確實踐地中海飲食的人可能壽命更長，體重減輕、身形健美的比例也更高。

書裡將分享我如何優雅下廚、在日常裡嘗試地中海飲食，了解怎麼挑選食物，少吃紅肉、多吃魚，選擇健康的好脂肪，練習減少攝取不必要的醣分，每天多用蔬果豐富餐盤，那麼，這些改變自然會從你的身體表現出來，跟著安安老師一起打造美味又不用委屈節食的地中海美味餐桌吧！

彭安安

Before

從廚房開始,打造地中海飲食

想開始嘗試地中海飲食,首先從改變你的廚房開始!安安老師將一步步帶你先「安檢」冰箱環境,並分享她如何對待不同類食材,再進一步採買、下廚的流程;另外,地中海飲食常備的食材更是超乎想像的親切好買,只要了解烹調方式和調味,就能讓家人每天吃得健康!

重整你的冰箱環境
與食材

「地中海飲食」並非單指異國料理,而是一
種健康飲食概念,因此在上地中海飲食課
時,我都會和學生們說,先從「清冰箱」開
始吧,這對你的健康很重要!首先要改變或
是替換一些平常使用的食材,花一些時間整
理及儲備你的食物櫃及冰箱,你就會發現其
實有很多食材即使冰在冰箱裡,也已經過
期很久了⋯平常就應該定時幫你的冰箱及食
物櫃檢查保存期限、是否受潮、發霉敗壞⋯
等。我的整理冰箱重點如下:

1 好好對待食材

放入冰箱內的食品必須是清潔過、瀝
乾後才能放入。用清潔的保鮮袋裝好,或放
進密封容器內,讓食材們彼此隔離,以免味
道混雜。生魚及雞鴨類應除去內臟,以清水
洗淨、擦乾後再放入冰箱;已開封的食品包
裝也要確實密封好,再放冰箱冰存。適合備
料的冷凍肉品與海鮮、辛香料⋯等,可每週
採買一次、做事前處理,葉菜或水果類則建
議採買後趁鮮烹煮完。

2　標記朝外和分類

冰箱最大的惡臭就是過期食品食物，我們經常沒有意識到食品即將過期，所以要標註有效期限在每個容器外面，並確認每個日期都是朝外且能被看見的，有助於你先使用完它。此外，冰箱裡若塞滿了罐子、瓶子、盒子，很難找到我們要找的東西，用收納小籃做分類，打開冰箱才會一目了然。

3　儲存方式與容量

將生熟食材分開放，建議生食放在冷藏櫃下方的抽屜，而熟食應放入加蓋容器後再存放於上方；記得生鮮蔬果不要和生肉、魚類⋯等接觸，以防細菌汙染。 放入冰箱內的食品之間要有一定空隙，最好七、八分滿，食材不要緊貼冰箱壁，以免影響冷氣對流和溫度保鮮，或是造成食物的外部溫度低但內部溫度高而導致變質。

4　讓冰箱常保清新

為了讓冰箱環境更清爽，常用天然素材來清潔，最好每週就清一次。以小蘇打水或醋水擦拭冰箱內部，可以去除頑固汙漬殘留。而去味的部分，用些新鮮香草或柑橘檸檬皮放在擦拭乾淨過的冰箱內部，這樣每次打開冰箱門的時候，迎接你的是舒服的香草味或果香。

5　常備地中海飲食的好食材

我固定會冰凍分裝好一片一片的魚、或買真空包裝的新鮮海鮮於冷凍庫中；可以的話，盡量每天買需要用的家禽類肉類（溫體肉或超市售的）；而新鮮蔬果類一定會有綠花椰、胡蘿蔔、甘藍類、紅黃椒、洋蔥、馬鈴薯⋯等。新鮮水果則是我最愛的藍莓、葡萄及檸檬，還有，每年草莓季的時候一定大量購買，可用來做果醬！

6　選用包材與使用注意

建議多用安全食器來保存食物，若實在會用到保鮮膜的話，使用聚氯乙烯材質製成的保鮮膜要避免，因為經過長時間的包裹，食物中的油脂很容易將保鮮膜中的增塑劑「乙基氨」溶解，增塑劑對人體內分泌系統有很大的破壞作用，會擾亂人體的激素代謝，覆蓋保鮮膜時，盡量別把食物裝太滿，以防食物接觸到保鮮膜。

地中海飲食其實很親切

「地中海飲食」在料理呈現上，通常使用大量蔬果增添餐盤裡的顏色和食材豐富性，而且是每天吃、餐餐吃，這些來自於蔬菜的植化素對於人體有很大幫助，而且各色蔬果若能均衡攝取會更佳，因為每種蔬菜的營養素不盡相同。至於每天要吃到多少的量呢？一般營養師建議每日攝取5份以上的蔬菜水果，十字花科的花椰菜、高抗氧化的莓果類則可多吃。除了日常攝取的飲食外，以下另外要分享我長年維持身型不走樣的飲食經驗：

1 習慣原食材＋簡單調味

在環地中海區域的食材攝取有利於當地人的體態維持，身為亞洲人的我，在實踐地中海飲食後，也有很深刻的感受。事實上，依山傍海的義大利、希臘人們大多取用的是從海裡來的優質蛋白質、取自橄欖樹的液體黃金、新鮮香草與蔬菜水果、大量的各種豆類、穀類及堅果…等，以此為採買食材的概念，再加上簡單調味，10年下來我都是這樣烹調煮食的。

許多人會覺得，地中海料理是不是異國菜、很難買又很難做啊？其實不是的，只要用「地中海飲食金字塔」（請參43頁）的概念，就會覺得採買很容易，你在台灣的傳統市場、超市、量販店都能買菜，家裡用的調味料也可以簡化很多很多、少一堆瓶瓶罐罐。已經超過10年實踐地中海飲食的我來說，準備做一道三杯雞才是一件傷神的事！因為我家沒有米酒，只有白酒、紅酒；也沒有麻油、香油，只有橄欖油；更沒有醬油，只有海鹽、岩鹽、玫瑰鹽…等，所以本書中的食譜也都是很容易可以做出來的菜色，但風味十足。

如果你逐漸習慣減去多餘的調味，慢慢地會發現自己的味蕾有變化，以前我很能吃辣的，但因為進行地中海飲食後，我發覺我的味蕾乾淨許多，身為一位廚藝老師，應該是一件好事！

2 不用減重也能吃得豐盛

因為習慣了地中海飲食，老實說，我很難在外面餐廳點菜，因為自己下廚還是最安心的，如果要外食，我總是會先點魚為主餐，在家裡常煮的是肥美的鮭魚和其他當令的魚種，當然也會替換海鮮，以及雞肉這類的白肉。蔬菜的部分，家裡冰箱最常備的是綠花椰菜和A菜，以及其他深綠色蔬菜、彩椒類；另外，雞蛋和起司也是少不了的食材，也一定隨時補齊，哪天只剩一兩顆蛋了，就像衛生紙快沒了似的沒安全感！

在地中海飲食裡很重視好油脂，所以堅果也

是我常買的食材，除了入菜好用之外，也是我唯一的零食，因為我幾乎不太吃餅乾、糖果、零食類。通常我會買一大罐的無鹽無調味的堅果回家分裝，放在包包裡備著，如果正餐以外的時間嘴饞或突然餓了，就拿出包包裡的時尚小點心吧！

而水果也是我的心頭好，我最喜歡的水果排名順序：藍莓、草莓、蘋果、奇異果、香蕉。當藍莓減價的時候，我會瘋狂地把架上的全買光光！通常會拿來做果醬保存，或是放在包包裡當餐間點心。另外，我不喝任何飲料，只喝黑咖啡、低脂牛奶、無糖豆漿、水，茶類不喜歡但偶爾喝、果汁只喝現打的奇異果汁。

以上的飲食習慣讓我維持不錯的體態，所以多年來的身型變化不大，20年前時我穿的尺寸是38號，而現在穿40號而已，而且也沒有肉肉的小腹問題困擾著我，這樣的飲食方式不辛苦，卻能保持輕盈身形，就算年紀增長，也能像年輕時穿各種漂亮衣服，更重要的是，每天都活力滿滿。

Teacher Ann says

綠花椰菜是我的常備蔬菜之一，它有鐵、鉀、鈣、硒、鎂，以及維生素A、C、E、K…等，還有葉酸、纖維質、類胡蘿蔔素，是個營養素多多的好蔬菜。

花椰菜是十字花科，它有一種稱為「蘿蔔硫素」的植物化學物質，所以使綠花椰菜有輕微苦味。通常我會用蒸或煮的方式，但不要煮過熟軟，才能盡量保留它的營養素；蒸花椰菜可降低心血管疾病的風險，並降低體內膽固醇的總量。

優質蛋白質該怎麼吃

蛋白質分為動物性及植物性，動物性來源包含豬、牛、雞、羊、魚、奶、蛋…等，有人體必需的氨基酸；而植物性蛋白質像是豆類、果仁類、五穀類，雖然植物性蛋白質的氨基酸沒有動物性蛋白質來得多，但多了纖維質和維生素。

我們每日要吃多少蛋白質才足夠呢？營養師建議成年男生每天最少要52克蛋白質，女生需要46克蛋白質，因為女生的肌肉少，故所需蛋白質亦較少。以肉類為例的話，每100克肉約有20克蛋白質，所以男生每天吃約300克肉類，女生吃230克肉類；但如果是孕婦媽媽或有餵哺母乳的需求，蛋白質便要額外多25克，以供給胎兒成長所需。

除了肉類，地中海飲食中的蛋白質較多來自於魚類，這是因為以前的義大利人幾乎以海鮮為主食，甚至有時兩個月才吃一次肉類。在台灣的我們，海鮮採買滿容易

的，像是鮭魚、鯖魚、秋刀魚、牡蠣、蛤蜊、淡菜、鎖管類…等，建議一週可攝取3-4份左右，而家禽類的份量可比海鮮少一些，建議一週吃兩餐。

至於吃素的朋友們，可以選擇的植物性蛋白質也不少，例如鷹嘴豆、南瓜籽、腰果、扁豆、白花椰、藜麥、酪梨、黃豆、羽衣甘藍、菠菜、奇亞籽、蕎麥…等，善用多種食材搭配於每餐飲食中，以獲得每日所需的蛋白質。

關於蛋白質與健身

近年來，大家開始瘋健身，許多人為了「長肌肉」而開始在意多吃蛋白質，因為當肌肉量減少時，新陳代謝率也跟著下降，會讓人年紀大了之後容易不太動也不太想吃。若想減緩老化對健康的衝擊，就必須逆勢操作，得增加肌肉量與持續運動。一

且增加肌肉量，就可相對維持住新陳代謝率，避免新陳代謝變慢，人有了食慾、胃口好、有精神、能吃能動之後，身體狀況就會慢慢轉好。

蛋白質對於長肌肉雖然重要，但要怎麼吃才對？另外，有些人習慣早餐跟午餐吃少、晚餐吃多，那究竟分散在三餐吃還是集中在晚餐吃，比較容易增加肌肉合成呢？答案是「分散在各餐吃比單一餐吃來得好」。原因是我們在食用蛋白質並消化之後，蛋白質會經過合成而變成肌肉，它在生理上有個合理範圍，濃度將落在某個區塊，所以合成的效率比較好。如果一餐吃太多蛋白質，反而超出最佳合成的比例，但若能分散在三餐攝取，合成效率比較好，尤其是集中於早餐和午餐吃。

我自己在健身的期間，除了三餐正常實踐地中海飲食外，還會大量補充水分、以幫助排毒排廢物，也會準備堅果及藍莓在運動之後吃。在運動之前，可以吃適量的蛋白質和澱粉，但不用吃過多，反而是在運動後吃合成較快速的蛋白質，再加上不可或缺的大量蔬果，讓肌肉在運動過後的修復過程中，藉由飲食補充所需營養素，像是加了白肉的溫沙拉就是方便又好做的菜色選擇，而且可依時令做食材上的替換。

在「亞洲版地中海飲食」中，除了選擇對的食物實行健康飲食習慣外，規律且定期的運動習慣也是每天要做的事，雖然對於忙碌現代人來說，要每天運動有一點困難，但只想從飲食中讓自己長肌肉是不可能的，飲食和運動都要並行才可以。

澱粉類的選擇煮食

在地中海飲食裡，是可以吃澱粉類的，但是
選擇全穀類，例如全燕麥、糙米、大麥…
等，還有義大利麵也可以吃。義大利麵含有
的蛋白質比醣類多，只要注意烹煮方式或選
擇全麥的義大利麵，其實是低GI食物、熱
量也沒刻板印象中那麼高。多數的全穀類對
於現代人慢性疾病的控制很有幫助，例如：
降低血糖、血脂肪、體重…等，主要原因
在於粗食的全穀類（大麥、小麥、燕麥、糙米…

等）含有豐富膳食纖維、維生素B群以及植
物性化學成分（phytochemicals）。

低GI的義大利麵煮法

先準備大量的水，在滾水鍋中加鹽後馬上
攪拌，切記不可以加油，只要煮至彈牙程度
即關火，如果煮過久的話，澱粉會過度釋
放。雖然許多人怕醣類，但想要瘦身的人還

是要適量攝取澱粉，才能協助蛋白質的合成，而義大利麵的抗性澱粉熱量低、比較難被小腸消化吸收，可適度加進飲食中。

如果你還是很害怕澱粉，炒義大利麵時就多加蔬菜與豆類，以好的橄欖油做醬或清炒，讓麵條份量少一些，進食時，先吃蔬菜類、豆類，再吃麵條。特別是搭配豆類一起吃的話，還能使身體獲得胺基酸、膳食纖維和抗性澱粉，不僅提升了營養價值，更降低了總澱粉和升糖指數。

這幾年，大家更追求健康食材、超級食物⋯等，比方藜麥，是很棒的主食食材之一。藜麥原本是南美洲秘魯的常見主食，我們在台灣看到的藜麥有紅色、白色、黑色⋯等，它的營養素相當多元，有9種必需氨基酸使其有高含量的蛋白質，以及鈣、鎂、錳⋯這類礦物質，以及豐富的膳食纖維，也很推薦素食者吃。藜麥可和米、小米混在一起煮，或撒在沙拉上一起吃，在書裡也有介紹簡單的藜麥食譜。

煮藜麥前，先用篩網沖洗掉泡泡，在烹煮的過程中，它會膨脹到原來的好幾倍、變得蓬鬆。用不完的藜麥請密封好包裝，避免濕氣影響鮮度，或存放在密閉的容器中，放在陰涼乾燥的地方即可，並盡快食用完畢。

提升風味的香草香料

由於地中海飲食追求原味烹調，所以我平時用的調味料真的很少，不過因為有各種香草，它們能為料理增添風味，同時豐富餐盤視覺。我建議儘量使用新鮮香草，比方自己種或是去花市採買小盆栽來種，單價不貴，而且可以一直長，經濟實惠！可以種在陽台邊或有陽光的室內角落，比方：薄荷、迷迭香、奧勒岡、百里香…等，都是我常用來入菜的香草們。以下簡單介紹不同香草特性：

1 薄荷

只要維持土壤微濕、日照充足，就可以生生不息、很好種，可說是栽培香草的入門首選！可以用來做薄荷醬汁、薄荷烘蛋、薄荷優格、薄荷檸檬冰茶、檸檬薄荷水、薄荷烤羊排、薄荷覆盆子果醬…等。

2 迷迭香

大家最認識的香草之一，其原產地就是在地中海沿岸，適合各式煎煮烤料理，或洗淨擦乾後浸泡於橄欖油或醋中做成各種醬料，也可用來製作調味奶油。選購迷迭香時，最好觀察主幹的大小，主幹越粗、葉片比較小且顏色深，表示越成熟，存活率越高；較年輕的植株，分枝較多，葉片是比較大而翠綠的。

3 奧勒岡

奧勒岡幾乎適合所有料理，可做義大利麵料理，也是東西方各國料理都能用的香料。奧勒岡具有很強的抗氧化功效，還能增進食慾、促進消化，每餐配上一點奧勒岡作為輔料，可增味添香。奧勒岡的鮮葉、嫩芽都能食用，可做調味料或泡茶飲用。

4 百里香

我最愛的香草就是百里香！百里香氣味清香優雅，英文名來自於希臘文Thumos，有充滿力量的意思！可食用又可藥用的香草植物，被廣泛運用於烹飪料理、養生花草茶、製作芳香精油…等。

百里香含有「百里酚」，會散發香氣、能防腐殺菌，若香味越濃，殺菌防腐功效就越顯著，乾燥後的麝香氣味會比新鮮的更強烈。一般會切碎再加在燉肉或湯中調味，由於百里香需要較長時間才會徹底釋放香味，最適合久燉的料理，或用來擺盤裝飾；餐後來杯百里香茶能幫助消化，是我的地中海廚房最常見的食用香草植物。

新鮮百里香可加入魚、肉、蔬菜中，比方醃製、燉煮或烘烤；乾燥百里香則是料理最後步驟提香使用，不過用量要拿捏，加多容易有苦味。新鮮百里香葉的保存方式

是，以白報紙包好，密封於保鮮袋中，放冰箱冷藏（但會比較乾、顏色較深），或包好放冷凍，於2-3個月內用完。

百里香也是適合搭配成複方的香料，常與迷迭香、鼠尾草、風輪菜、茴香、薰衣草和其他香草植物搭配，綁成普羅旺斯香草束，加入料理中燉煮。

5　甜羅勒

它的葉片光滑，帶有甜味，會散發花朵、薄荷與茴芹的香氣。甜羅勒是防蟲植物，還有驅風健胃之藥效，是製作義大利青醬的專用品種。新鮮的甜羅勒葉片洗淨後磨成泥，加入橄欖油、蒜泥、松子及起司粉完全磨碎混合，就是自製青醬了，食用前再撒點黑胡椒風味更佳。義大利著名的卡不里沙拉（Insalata Caprese）就是結合了番茄片、莫札瑞拉起司及甜羅勒的一道料理。

6　鼠尾草

鼠尾草在古希臘、古羅馬時期已被普遍使用，能讓心靈變得寧靜。如果你沒聽過鼠尾草，那一定聽過它的種籽：奇亞籽。不過，鼠尾草與奇亞籽的功用不相同，它常與迷迭香、胡椒薄荷做搭配烹調，可以製作肉餡、香腸、湯、沙拉…等，鼠尾草會使菜餚充滿了濃郁芳香，很多歐洲的美食也都少不了它。

7　檸檬馬鞭草

檸檬馬鞭草有著橙類的香氣，一般料理時，會切碎加在雞肉、白魚肉裡烹煮，或加在蛋糕、水果料理、果汁、沙拉中增加風味。

8　月桂葉

原產地就是地中海沿岸、希臘、土耳其，會散發出清爽淡雅氣息，常用於醃漬食物，或將月桂葉塞入肉類中烘烤；由於月桂葉需要久煮，味道才會釋出，因此加入湯汁中燉煮是常見的料理方式。一般我們看到的月桂葉大多是乾燥的，只要將新鮮月桂葉放置於通風陰涼處一段時間，葉子自然會變乾，成為乾燥的月桂葉。乾燥月桂葉放在密封容器中保存，即便放1年左右，香味都還會存在。

如果你實在不是綠手指、香草植物總是種不活…，或覺得新鮮香草購買有困難的話，罐裝的乾燥香草也是可以使用的選項，只是香氣就不如新鮮香草那麼佳。例如，不好養的甜羅勒，可選用乾燥的代替，但記得乾燥香草的用量要少一些，以避免干擾整鍋的香氣了。如果香料沒有用完，可用錫箔紙包起來冰箱冷凍，下次再使用時，香味依然在喔！

地中海飲食少不了的橄欖油

在地中海飲食中，很強調要多攝取好的油脂，因為一般人在日常攝取的好油脂份量並不如我們想像得多，其中橄欖油又是最常被提到的油品，橄欖油之所以好，是因為它含有77％的單元不飽和脂肪酸，不飽和脂肪酸可與不良油脂結合透過代謝排出體外，故有預防膽固醇、心臟病的效果。

不過，在貨架上的橄欖油相當多，我的學生們常問我，「純級」「特級」「橄欖多酚」…等，這些看似很「純」的品名到底是什麼？其實很多人卻不知如何分辨，價格又為何有落差。橄欖油包括特級初榨橄欖油、初榨橄欖油、精製橄欖油、橄欖渣油，以下簡單介紹它們的不同之處。

特級冷壓初榨橄欖油
Extra Virgin Olive Oil

不採用化學方式，而採用物理方式，以小於27℃的溫度榨油，油品的酸價低於0.8％。

初榨橄欖油
Virgin Olive Oil

不採用化學方式，而採用物理方式，以小於27℃的溫度榨油，油品的酸價低於0.8-2％之間。

精製橄欖油
Refined Olive Oil

採用化學方式，將橄欖油以高溫、除色、除味的精製過程去除雜質，使其變得晶瑩剔透、淡色、無味。雖然酸價低於1％，但為了矯正其不良的風味，使用多種化學製程來處理，屬於營養價值較差的橄欖油。

橄欖渣油
Pomace Oil

第一道（初榨）橄欖油壓榨所剩下的橄欖殘渣，再經過化學溶劑（通常是己烷）萃取所得到的油，酸價低於1％。這種壓榨法屬於化學方式，通常必須再經過精製過程，去除化學溶劑後才能食用。

除了認識油，買油的習慣也很重要！平常我常對料理課的學生們說，買油不需要追求大容量，小瓶的橄欖油才能趁新鮮用完！因為一來保持鮮度，二來也讓你有機會嘗試不同品牌的橄欖油。還有，許多人會忘了注意瓶身顏色，記得選擇瓶身顏色越深越好，才能阻隔光線及溫度對油品的影響及破壞。

了解橄欖油
與品油挑選

專訪———人良油坊創辦人 葉旭榮
採訪撰文———李美麗

認識橄欖油產地及果實

在地中海飲食中，最常使用到橄欖油，所以
一般人會以為橄欖只適合生長在地中海沿岸
地區，其實並非如此。只要氣候適合，許多
地區也可以種植橄欖，並不限於地中海地
區，像是美國加州、澳洲、紐西蘭、日本、
中國四川省、甘肅省…等地，也能夠種植
橄欖及製作橄欖油。不過這些地區的產量較
小，一般民眾比較不熟悉。以日本小豆島為
例，他們所製造的橄欖油品質不錯，但是產
量不大，不足以供應整個國家，所以日本還
是要從國外進口橄欖油。

在台灣，雖然也有種橄欖，但是油脂含量不多，適合用於製作醃漬橄欖或飲品，不適合製作烹調用的橄欖油，所以橄欖油都是從國外進口。在台灣的橄欖油市場上，以義大利進口最多，西班牙和希臘其次，但全世界橄欖油產量最大的國家其實是西班牙，義大利的橄欖品種則較為豐富，大約有六百多個品種，數量驚人。雖然義大利產量沒有西班牙多，但因為台灣一般大眾對義大利美食的形象比較熟悉，所以進口量仍以義大利最多。

既然產地與品種這麼多，怎麼挑選出最好的呢？其實這個問題很難評斷，首先，橄欖品種繁多，全世界總計約有一千五百多種，它們所搾出的油、氣味各有特色，加上品油是很主觀的事，每個國家的口味喜好也不一樣，而各品牌的品質與油莊的製作過程有著密切關係，因此很難斷定哪個國家的橄欖油才是最好的。

新鮮，是好橄欖油的第一要求

橄欖油是很講求趁新鮮使用的油品，在義大利有句老話這麼說的：「酒要陳，油要新」，也就是好酒需要時間的醞釀，但好橄欖油就一定要新鮮才行。

這是因為橄欖油從剛搾好之後，養分便開始氧化遞減，而進口橄欖油的品質對於一般人來說，其實很難親自確認。不過，在台灣，已有自搾橄欖油的在地油坊，老闆親自到義大利直接挑選橄欖，採摘的5小時內進行急速冷凍，使用進口機具、製作過程公開透

明，每天以鮮果橄欖榨出新鮮的油。通常，好的橄欖油的製作過程細膩而繁瑣，「人良油坊」創辦人葉旭榮先生指出，好的橄欖油是以「新鮮果汁」的概念來製作，因為橄欖就是一種果實，如果能把製油當成做新鮮果汁一樣，才能攝取到最豐富的營養物質，讓效益發揮到最高。

橄欖油的3大營養素

A 豐富的單元不飽和脂肪酸

橄欖油最大的優點，就是富含單元不飽和脂肪酸，其含量在所有的油品之中，佔有數一數二的地位。單元不飽和脂肪酸可降低人體內的壞膽固醇，美國心臟協會與其他研究，都指出人體的單元不飽和脂肪酸的攝取量最好超過其他類脂肪酸。

B 豐富的橄欖多酚

上百篇醫學研究都指出，橄欖油成分中的橄欖多酚具有抗發炎及抗氧化功能。當我們品嚐好的橄欖油時，喉腔後方會有苦和辣的感受，那就是橄欖多酚的味道，這種成分會減緩細胞氧化，並抑制人體自由基的生成。

C 豐富的橄欖油刺激醛

許多研究已證實，橄欖油刺激醛能夠減緩血液凝固的現象，並改善心血管硬化問題，且同樣具有抗發炎的功效。

大量使用橄欖油的地中海料理，正是因為上述成分，才能對身體健康有明顯益處。地中海飲食之所以能成為現代健康飲食，橄欖油扮演了重要的角色。

地中海飲食只能用橄欖油嗎？

地中海飲食訴求的是「單元不飽和脂肪酸、橄欖多酚、抗氧化成分」，只要選用具有類似好處的油品，其實是可以在日常烹調中做替換的。

台灣在地油品中，和橄欖油成分最接近的是苦茶油。它的單元不飽和脂肪酸甚至比橄欖油更高，也是可多多運用於日常料理的好油品之一。另外，台灣的純芝麻油品質也很好，抗氧化功效也不錯。

不同於橄欖果實需經過榨油的程序，芝麻需經由熱炒增加芝麻木酚素，生成具有抗氧化的效果。芝麻油雖得經過烘焙過程製造，但它的抗氧化力還是很好，並不輸橄欖油喔。

各類油品的單元不飽和脂肪酸含量

油品種類	含量（%）
苦茶油	82.5%
橄欖油	72.8%
芥花油	62.5%
麻油	40.6%
花生油	40.6%

挑選橄欖油，嗅嚐更真實安心

台灣的一般賣場沒有現場品油的服務，建議消費者購買信任的橄欖油品牌，自行在家中嘗試也可以。品嚐橄欖油時，通常是使用開口較小的鬱金香形狀小杯子，品油的份量只要少許即可，品油的步驟如下：

Step.1　品油前，先溫杯，以手掌摩擦杯子底部，透過手的溫度，把油的溫度加熱，稍微搖晃，讓香氣散發出來。

Step.2　聞一下油的氣味。純正的橄欖油，會因橄欖品種不同，而有果香、青草香、堅果香，甚至花香…等氣味。

Step.3　品嚐油的滋味時，則要吸氣，進行「啜油」步驟。先將一口橄欖油含入口

中，然後舌尖頂住上顎，從嘴角的兩側空隙，吸氣入口腔。讓空氣與油的氣味在口腔中混和，從鼻子傳達到口腔、後鼻腔，再回到鼻腔，讓氣味充分發揮到極致，然後慢慢吞嚥下去，讓喉嚨感受最後的餘韻。

純正的初榨橄欖油，在嗅聞氣味時，會有豐富的果香氣息；進入口腔中時，則有溫潤濃郁的口感；混和在口腔中時，會有芬芳的氣味。品嚐了純正的初榨橄欖油，才會發現，真正的好油就像是「橄欖果汁」的感覺，完全沒有油膩感，「瓊漿玉液」大概就是形容這種感受。最特別的是，當油脂滲透進喉腔之中時，最後出現的微辣刺激感，是讓人印象深刻的味覺體驗。

好品質的橄欖油不僅色透明
純亮，在風味的呈現上還會
因為品種不同而有各種香氣。

從榨油製程認識不同橄欖油

Step.1 挑果和清洗

國外產地在採收橄欖時，多半是使用機械，多少會有些蟲蛀、發霉，或是因受到壓迫而導致破損的果實。這些敗壞的果實，在大型工廠大量化生產的過程中，通常無法一一挑選出來，大多是一股腦兒把橄欖輸送到生產線前，經過清水沖洗後，就直接輸送進機械中榨油了。

而在小量生產的榨油坊裡，會仔細挑選果實，把不良品排除掉，仔細清洗完好的果實之後，再進行榨油。

① ② ③

Step.2 攪碎和分離

把清洗後的橄欖放入機械中，先攪碎成果泥的狀態，再慢慢旋轉攪拌，攪碎成果泥的狀態，這個過程大約為1小時。接著讓油脂和水分分離之後，把油萃取出來。

①②
③

Step.3　過濾和裝瓶

把油脂之中的果渣過濾掉後，倒入玻璃瓶中。沒有進行過濾的橄欖油叫做「未過濾初榨橄欖油」，也因為未過濾，油中保留更多橄欖的營養素，所以營養價值較高，但也較易敗壞，保存期限較短。過濾之後，就稱為「初榨橄欖油」。在歐洲，有些油廠也銷售未過濾的特級初榨橄欖油，但仍以過濾後的初榨橄欖油居多，主要是考量到保存期限的緣故。

橄欖油的保存

過濾後的初榨橄欖油經過油水分離，水分含量很少，已經不像果汁般容易腐敗，可以保存一至兩年。未過濾的特級初榨橄欖油必須盡快使用完畢，保存期限僅半年。保存時，只要放在家中陰涼通風處即可，不要放入冰箱。

以上為榨取橄欖油的過程，但還有一種橄欖油是精煉方式所製成的。

精煉油的作法，是在製油過程中添加化學溶劑萃取油脂，這樣可以一次性地將油脂大量萃取出來。但在萃取完畢後，得經過脫酸、脫色、脫蠟、脫膠、脫臭…等步驟，把化學溶液揮發掉。

然而，歷經這些步驟後，油脂本身的營養物質也隨之消耗、所剩無幾，甚至還可能含有有害物質。因為化學溶劑揮發過程中，必須把油加溫至200度C以上，長時間沸騰下，很可能產生質變。2016年，歐盟就有一項公告指出，當植物油加溫到200度C之後，便有引發環氧丙醇這種有害物質的生程。可惜的是，環氧丙醇還不在目前公告的檢驗項目中，多數國家都沒有針對這項物質進行檢驗的標準。

而初榨橄欖油是以物理性的方法榨取油脂，和採用高溫脫臭步驟製造的精煉油完全不同。但是製作初榨油的成本高，於是懷有投機心理的商人又有因應做法，那就是在初榨油之中摻雜一些精煉油，藉此降低成本。是否混雜了精煉油，無法從產品成分表看出來。建議民眾多看多比較，並藉由實地品嚐、增加辨識能力或透過專業品油課了解，體驗過初榨油真正的香氣與滋味後，就會越來越有能力分辨橄欖油

的好壞，有助於找到信任的品牌。

橄欖油與食材、烹調的搭配變化

以橄欖油為主要油品使用，並提倡以海鮮為蛋白質來源的地中海飲食，而海鮮和橄欖油特有的果香和青草香相當搭，味道會很和諧；也可取少許橄欖油簡單搭配優格或香草冰淇淋、沾水果來吃，甚至搭配水果打成果汁來喝，食物的天然原味與橄欖油的特殊香味交織下，會產生新的味覺體驗。

除了搭配食物外，好的橄欖油還可直接飲用，尤其台灣外食族的飲食往往攝取了過多的多元不飽和脂肪酸，在單元不飽和脂肪酸方面普遍攝取不足。建議外食族民眾於每天起床時，先飲用一杯溫開水，直接喝一點橄欖油，讓自己能攝取一定份量的好油脂。

不敢直接喝油的民眾，也可以加入日常料理中，比方在日式鰻魚飯上淋一些橄欖油，讓烤魚中的焦香中增添少許果香，別有一番韻味。

橄欖油也能高溫烹調使用

許多民眾誤以為好的橄欖油一定要做成沙拉才能吃到營養，這是個迷思。在國外沒有「不能高溫加熱」這種說法，使用橄欖

油烹調熱炒料理是完全沒問題的。橄欖油的發煙點大約為180-210度C，而一般家庭的熱炒烹調一般不會到這麼高的溫度。所以從發煙點來看，選用橄欖油熱炒烹調是可以的。

雖然高溫確實會減損油脂中的營養成分，但是橄欖油的抗氧化功能很高，發煙點越高，也越能夠保護油脂中的營養成分，並且不至於變質。

榨橄欖油時，可以放入新鮮的水果或香草，與橄欖一起磨成果泥攪拌，讓果皮內的營養素和香氣與橄欖一起慢慢溶入油中，讓橄欖油更增風味與營養。

下班後的料理流程

相較於台灣家庭習慣有多菜一湯的烹調法，地中海飲食真的簡單許多，通常我回到家後會先拿出冷凍魚或打開魚罐頭、庫斯庫斯、燕麥或豆類、整粒番茄罐頭準備做菜。

首先，打開烤箱烤魚、用微波爐溫熱常備罐頭、以熱水泡開庫斯庫斯、按下電鍋蒸煮燕麥，再用橄欖油清炒綠花椰菜或葉菜類，就是簡單的地中海料理！比較有時間的話，會以燉鍋熬湯、用烤箱烤春雞，或用大同電鍋蒸蛋、水煮海鮮淋上風味橄欖油…等，能變化的菜其實很多。

以下是我常用的料理流程：

Step.1　主食穀物類
橄欖油、米、義大利麵、自製麵包或其他全穀類、堅果類、各種豆類與種籽…等。

依據想要的主菜來選擇搭配的主食，例如奶油檸香多利魚可搭配燉飯米或義大利麵，或一球熱呼呼的馬鈴薯泥再撒上烤過的堅果；白酒蛤蠣配上義大利麵也是經典中的經典！

Step.2　主菜肉類
海鮮：魚類、貝類：鮭魚、多利魚片、鱸魚、鮪魚、秋刀魚、旗魚、貝類…等。

禽類：春雞、雞胸肉或雞柳條、櫻桃鴨胸塊、雞或鴨腿…等。

善用烤箱做主菜才會節省時間，不論是魚、雞、豬牛都可簡單調味並淋上橄欖油，放進烤箱、等待食材原汁原味的呈現，也避免過度烹調或使用太多調味醬料，在主菜進烤箱的平均20分鐘內，其他配菜也已經完成、可一起上桌！

Step.3　蔬菜或沙拉
綠白紫橘花椰、綠黃櫛瓜、甘藍類、紅黃青椒、南瓜、馬鈴薯、紅蘿蔔、茄子…等。

不管是烤蔬菜做溫沙拉，好用的醬汁是必備的。我常用柑橘醬、青醬、蒜香橄欖油醬、希臘優格醬、風味橄欖油、巴薩米克醋醃漬…等，練習不同蔬果的綜合搭配，我認為

是地中海飲食中最有趣的一部分，常常會有新的味覺驚艷！

Step.4　湯品

海鮮類湯、奶白醬濃湯、南瓜濃湯、肉類燉湯、時蔬清湯…等都很方便做，主要善用瓦斯爐同時進行兩鍋烹調，一邊燉湯、一邊做平底鍋料理，或利用電鍋蒸煮湯品。另外，處理肉時所切下來的邊角或骨架、蔬菜削切後的部分來熬湯底也是很好的備用品，只要加上些許香料和鹽就是十分清甜的原味！

自己做醬讓料理更方便

雖然我大多是自己煮，但有時難免會有不想煮飯的時候，這時候自製醬料就能派上用場，我常備的醬料有紅醬、青醬、蒜香橄欖油醬，還有很方便能淋在沙拉上的風味橄欖油。

●紅醬

以義大利蕃茄（plum tomato）製成，口感較重，接受度及普及度居所有醬汁之冠，可添加蘑菇或肉汁做成不同風味的紅醬，濃度稠的紅醬還可用來做披薩，可搭配海鮮、肉類、蔬菜等等。

●青醬

主要成分是松子粒及羅勒，加入鯷魚口味的青醬在歐洲更風行。可直接用來拌義大利麵、煮熟的海鮮、義大利米，或是加入迷迭香、乾番茄或其他新鮮香料，但橄欖油、帕瑪起司是青醬不可缺少的。

●蒜香橄欖油醬

帶有橄欖油的清香以及辣椒的辛辣口感，是清炒義大利料理最常用到的醬汁，也有人喜歡用來沾義式麵包或義式餅乾一起食用。

●希臘優格醬

希臘優格（Greek yogurt）跟我們常吃的優格比起來，水分比較少、濃稠度也較高。不只可以做成水果甜點跟果昔當早餐，而且加進自製沙拉醬中能創造出清爽又如乳酪般濃郁滑順的口感，而且熱量很低。

●香草橄欖油醬

用迷迭香、鼠尾草、月桂葉、百里香…等香草和橄欖油一起做成香料油，用來拌沙拉或調製義大利麵的醬料，都別具風味！

●藍莓醬

藍莓盛產時，我會買很多，全麥麵包或麵粉煎餅加上希臘優格醬或自製藍莓醬，隔天早餐只要抹上全麥麵包、加些堅果就能立刻帶出門。

Teacher Ann says

通常我會先到傳統市場買主要的蔬菜水果、魚蝦貝類、肉類，以及秤好一包一包多穀及豆類先存放；然後到超市或量販店補足雞蛋、優格、起司、魚罐頭、進口配料、紅酒…等，這樣的採買順序能滿足我一週所需的食材量！

世界認證的
地中海飲食好處

專訪──李婉萍營養師　　採訪撰文──李美麗

「地中海飲食」的飲食型態早在 1960 年代，就已被世人發現到它的好處。從那時開始，陸續出現與地中海飲食有關的研究。直到現在，已累積五千多篇論文均證實地中海飲食有助於人體健康，目前在世界上是獲得最多研究證實的飲食法。

地中海飲食的健康主張不僅獲得各界認證、世界衛生組織（WHO）推薦之外，聯合國教科文組織也於 2013 年將地中海飲食列入非物質文化遺產，理由就是地中海飲食所蘊含的健康概念極為重要。地中海

飲食大致有以下幾項原則：

1 攝取大量新鮮蔬菜水果。
2 攝取高纖五穀雜糧。
3 適量攝取蛋白質，以魚類、海鮮類等白肉類以及豆類來源為主。
4 少量攝取紅肉。
5 攝取富含單元不飽和脂肪的好油。例如初榨橄欖油。
6 運用大量新鮮辛香料入菜。
7 少量品嚐甜食、紅酒。

地中海飲食最早受到囑目的原因不僅是發現該地區人口長壽,相較於其他地區,心臟病發生率也較低;近年來,還有降低糖尿病、帕金森氏症發生率…等眾多與疾病相關的研究。不過,地中海飲食的起源,不是為了預防慢性病而研發的飲食法,而是代表該地區長期以來的飲食文化和生活方式,皆有益於促進人體健康。

這種飲食起源的地區,包括了地中海沿岸希臘、義大利、西班牙、摩洛哥、克羅埃西亞、葡萄牙和賽普勒斯…等國家。對於台灣的我們來說,可能會誤以為地中海飲食指的是吃健康的「異國料理」,其實不然,先來了解地中海飲食的概念,以此為基礎,在亞洲地區的我們,也能輕鬆實踐此飲食法喔。

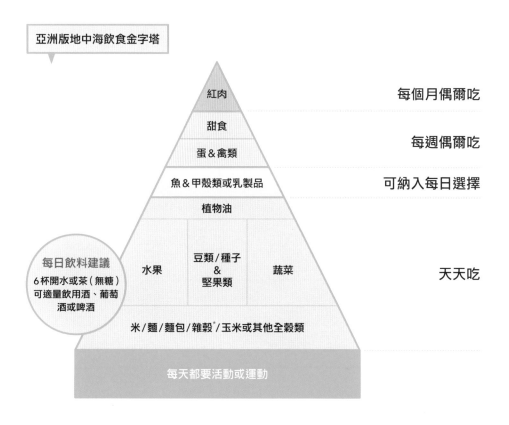

亞洲版地中海飲食金字塔

紅肉		每個月偶爾吃
甜食		每週偶爾吃
蛋&禽類		
魚&甲殼類或乳製品		可納入每日選擇
植物油		

水果　豆類/種子&堅果類　蔬菜　　天天吃

每日飲料建議
6杯開水或茶(無糖)
可適量飲用酒、葡萄酒或啤酒

米/麵/麵包/雜穀*/玉米或其他全穀類

每天都要活動或運動

＊雜穀:大麥、黑麥、燕麥、黑小麥、穀子、高粱、糜子等,以及屬於蓼科的蕎麥。

地中海飲食對人體的8大好處

抗發炎　地中海飲食能夠改善退化性關節炎。因為地中海飲食在烹調上運用多種類型蔬菜，各色蔬菜中含有大量植化素，可以降低人體的發炎反應。

純天然飲食主張　地中海飲食強調選擇「新鮮、當季」的食材，不使用加工食品，主要品嘗天然食物的原味，少了不必要的人工添加物，自然為身體杜絕了有害物質。

容易執行　地中海飲食是一種飲食態度，不需刻意計算或規定每餐熱量，它提供的是大原則，因此在執行時，不需要精密計算和嚴格規定。由於觀念簡單，不管是採買或烹調都很輕鬆易執行，符合一般家庭和各年齡層。

抗老化　此飲食法雖沒有刻意限制澱粉類，但建議攝取高纖五穀雜糧…等這類低GI食物為主，因為升糖指數低，，可以降低身體發生「糖化現象」的機率（關於糖化的詳細內容，請參158頁），也不容易造成老化現象。

使用好油　地中海飲食的一大重點是使用好的橄欖油。好的橄欖油富含單元不飽和脂肪酸和橄欖多酚，是對心血管有好處的油品。此外，地中海飲食還主張適量吃些堅果，橄欖油和堅果的脂肪都有助於提昇人體心血管健康。

有飽足感　地中海飲食強調攝取大量蔬果、五穀雜糧，不需辛苦節食，只要注意 進食順序：先吃高纖蔬果，接著吃五穀雜糧，最後吃肉類，這樣的飲食順序很容易帶來飽足感。

滋味多層次　地中海沿岸盛產迷迭香、月桂葉、羅勒…等天然香草，所以地中海飲食大量運用天然辛香料入菜，發揮了多層次美味、嗅覺味覺都滿足，而且新鮮香草不僅間接減少了鈉的攝取量，還發揮了抗氧化功效。

若以台灣在地食材為例，包括薑、花椒、蔥、薑、蒜、蒜苗、香菜、九層塔…等，也都是很好的辛香料調味來源，用它們也能做地中海飲食。當我們能夠逐漸習慣於品嘗天然辛香料的美味後，便發現慢慢減少對高鹽份的過度依賴，飲食習慣也會逐漸健康起來。

顧心臟　地中海飲食中所強調的飲食，通通都對心臟有益處。從蔬果、辛香料、高纖雜糧、白肉、豆類，橄欖油，都是眾所皆知的顧心臟好食材，連偶爾品嘗的紅酒，都已有研究證明對心臟有益處。

Part.1

天天吃！蔬菜豆類、全穀種籽、奶製品

蔬菜豆類與全穀種籽是地中海飲食中很重要的食材種類，
天天都需要足量且多樣化地攝取，因為來自植物的植化素
有著抗老、抗發炎…等重要的作用，記得還要搭配好油脂
一起烹調喔。

鐵板豆腐乳酪黑橄欖溫沙拉

Sizzling Tofu with Cheese
and Black Olive Warm Salad

豆腐、茄子、四季豆都是很好取得的食材，只要簡單地煎香它們，就是優質主菜了，加上來自黃豆的豐富蛋白質，最後撒上提味的山羊乳酪，是好做好吃的快速菜。

材料

冷壓初榨橄欖油…1大匙

板豆腐…1盒（切厚片）

茄子…1條（切片）

四季豆…5-6條

山羊乳酪…50g

黑橄欖…5-6顆（切片）

鹽…少許

黑胡椒…少許

作法

1 將板豆腐、茄子片、四季豆放在鐵板上炙燒，並淋上冷壓初榨橄欖油。

2 以鹽、黑胡椒調味，並均勻撒上山羊乳酪碎及黑橄欖片即完成。

檸檬百里香漬小胡蘿蔔

Pickled Mini Carrots with Lemon Thyme

許多人害怕胡蘿蔔的腥味，來試吃看看小胡蘿蔔吧！以黃檸檬和百里香讓胡蘿蔔變得清爽且帶香氣，你也可以用台灣小農這幾年種的彩色胡蘿蔔來替換喔，讓餐盤更繽紛。

材料

小胡蘿蔔…5-6條（去皮不切）
黃檸檬…1/2顆（取汁）
冷壓初榨橄欖油…適量
新鮮百里香…2小株

作法

1 備一滾水鍋，放入小胡蘿蔔煮熟，撈起後放涼，備用。

2 將小胡蘿蔔放入大碗中，倒入冷壓初榨橄欖油，約蓋過小胡蘿蔔一半高度的量，再擠入黃檸檬汁。

3 最後，撒上新鮮百里香，冷藏隔夜風味更佳。

第戎芥末珍珠洋蔥與迷你甘藍
Pearl Onions And Mini Cabbage with Dijon Mustard Sauce

「第戎」指的是製作芥末醬的方法之一，起源於法國勃艮地的第戎。傳統的第戎芥末醬用了白葡萄酒、褐色芥末籽、鹽、醋…等，外觀是黃褐色、質地較濃稠且口味微酸，特別適合做這道開胃前菜。

材料

冷壓初榨橄欖油…1大匙
三色珍珠洋蔥…各2顆
迷你甘藍…6-8顆
第戎芥末醬…1大匙
無鹽奶油…30g
動物性鮮奶油…30ml
鹽…適量
黑胡椒…適量
新鮮百里香…1株

作法

1 加熱鑄鐵平底鍋，倒入1大匙冷壓初榨橄欖油後，以中火先煎香珍珠洋蔥，再放入迷你甘藍一起炒香。

2 加入第戎芥末醬拌勻後關火，放入奶油、淋上鮮奶油，以鹽、黑胡椒調味，最後放上新鮮百里香即完成。

蒜炒紅椒雙花椰

Garlic Fried Red Peppers and White Cauliflower

十字花科的花椰菜是許多人知道的抗癌好食材，有別於水煮清燙，今天改讓它有一點西式風味吧！調味料十分簡單，而且蒜香與紅椒粉香氣很引人食慾。

材料

冷壓初榨橄欖油…1大匙
紅椒…1顆（去籽切小丁）
白花椰與綠花椰…各半朵（只取花，切碎）
大蒜…3瓣（切末）
鹽…適量
黑胡椒…適量

作法

1. 加熱平底鍋，倒入1大匙冷壓初榨橄欖油，以中火直接炒香甜紅椒丁，接著放入白花椰與綠花椰碎一起快速炒香。
2. 放入蒜末，炒至有蒜香味後即關火，以鹽、黑胡椒調味即完成。

巴薩米克醋炒迷迭香彩椒

Stir Fried Rosemary Peppers with Balsamic Vinegar

巴薩米克醋源自於義大利，做法與等級分有很多種，特色是顏色濃黑、帶有陳香熟成的風味。建議選用適合一般烹調用的巴薩米克醋，加上風味橄欖油，就能將三色彩椒炒得香噴噴的，讓人口水直流。

材料

迷迭香風味橄欖油…1大匙
三色彩椒各…1個（去籽切塊）
巴薩米克醋…1大匙
新鮮迷迭香…1株（撕碎）
鹽…適量
黑胡椒…適量

作法

1. 加熱平底鍋，倒入迷迭香風味橄欖油，以中火直接炒香彩椒塊，至表面稍微上色但仍保持清脆的狀態。
2. 加入巴薩米克醋拌勻，此時關火試味道，以鹽、黑胡椒調味後盛盤，撒上新鮮迷迭香碎即完成。

海蘆筍鷹嘴豆番茄溫沙拉

Warm Salad with Chickpeas, Sea Asparagus And Tomato

拍攝新書前，到量販店採買時，看到了「海蘆筍」這項食材，馬上就想用它來做菜！它的原名是「海蓬子」、「西洋海筍」，顏色翠綠、細細長長，口感脆脆不刮口，含有多樣的礦物質與維生素、蛋白質…等，有些微量元素還是一般蔬菜少有的！還不認識海蘆筍的你，一定要試試看。

材料

鷹嘴豆…1杯

海蘆筍…1杯

牛番茄…1顆（汆燙去皮切小丁）

奶油…50g

大蒜…2瓣（切碎）

鹽…少許

黑胡椒…少許

羅勒風味橄欖油…1大匙

作法

1 將鷹嘴豆浸泡半天後煮熟，備用。

2 另備一滾水鍋，放入海蘆筍、牛番茄丁，快速燙一下後取出瀝乾水分。

3 取一大碗，放入以上煮熟的食材，利用溫度融入奶油拌勻，再撒上大蒜碎。

4 以鹽、黑胡椒調味，最後淋上羅勒風味橄欖油即完成。

希臘式家庭沙拉
Greek Family Salad

在我家餐桌上，很少有台式的單盤炒青菜，取而代之的，是不同做法的沙拉，因為地中海飲食中，建議攝取多種蔬果，只要淋上橄欖油，以黑胡椒和鹽調味就能完成，不用開火熱炒很方便。

材料

彩色小番茄…1碗（對切）

小黃瓜…半根（切薄片）

紫甘藍…1/4顆（切絲）

綠橄欖…1/2杯

山羊乳酪…50g

新鮮香草…一小把（種類不限，切碎）

橄欖油…適量

黑胡椒…少許

鹽…適量

作法

1 將所有食材洗淨並切成適口大小，橄欖可不切，全放入大碗中混合。

2 擺上山羊乳酪碎，撒上新鮮香草碎，再淋上適量橄欖油，以鹽、黑胡椒調味（或不加）即完成。

超級食物沙拉佐柑橘醬

Superfood Salad with Handmade Citrus Sauce

材料

[沙拉料]

紅藜麥…1杯

燕麥…1杯

蕎麥…1/2杯

紅石榴…1/2顆（取籽）

菠菜…1株（切段）

大蒜…2瓣（切碎）

鹽…少許

黑胡椒…少許

冷壓初榨橄欖油…1大匙

[柑橘醬]

中型柑橘類…4-5顆（取果肉）

甜菊糖…約果肉重量的1/5（粉狀）

柑橘果皮…1-2顆（去白膜切絲）

洋車前子殼粉…30g

我很喜歡紅石榴，如寶石般的光澤和多樣營養素總讓我想買它回家做菜。這道沙拉加了許多超級食物、富含鐵質的菠菜，再淋上自製無砂糖的柑橘醬，酸酸甜甜很開胃。

Cooking Tips

洋車前的種子外殼稱為洋車前子（或車前子殼），它原產於伊朗和印度的地區，每單位含有86%的膳食纖維，而其中的可溶性纖維含量相對於燕麥來說，多了14倍！洋車前子殼粉，也就是它的種皮纖維有助於人體腸道暢通，除了加在料理中，一般可加在牛奶、豆漿中一起食用。

作法

1 先將紅藜麥、蕎麥一起浸泡1小時後用篩網瀝乾水分,備用。

2 備一滾水鍋,放入切段菠菜快速燙熟後取出,瀝掉水分,備用;用燙完菠菜後的滾水煮步驟1的食材和燕麥20分鐘後關火,不要開蓋,續悶熟成。

3 取一大碗,放入以上煮熟的食材,加入大蒜碎拌勻,再撒上紅石榴籽。

4 接著製作柑橘醬,切碎果肉放入小鍋中,倒入甜菊糖靜置半小時以上,備用。

5 以中火煮沸後,轉小火攪拌煮,並加入果皮絲、洋車前子穀粉續煮,用手持式攪拌棒打成果泥,倒回鍋中,以小火拌煮至黏黏稠度後關火。

6 以鹽、黑胡椒調味步驟3的沙拉料,淋上冷壓初榨橄欖油,並搭配柑橘醬一起享用。

堅果莓果原味優格

Yogurt with Nuts and Berries

材料
原味綜合堅果⋯1/2杯
新鮮綜合莓果⋯1/2杯
希臘優格⋯100g
薄荷葉⋯幾葉

有時在夏季裡總讓人提不起勁在廚房裡揮汗做菜，這時家中冰箱常備的堅果類、莓果和希臘優格就很好用，都是女生很需要的好食材，想偷懶時，足以讓我簡單填飽肚子。

作法

將所有食材與希臘優格一起攪拌混合即可。

堅果烤西洋梨佐優格
Nuts Roasted Pears with Yogurt

記得要買熟一點的西洋梨或把西洋梨放至熟軟，再做這道菜，因為這樣口感才會綿密香甜。西洋梨的纖維質非常多、能增加飽足感，而且是糖尿病患者也能吃的水果，下次看到它，不妨買來吃吃看。

材料

較熟西洋梨⋯1顆（對切）

熟堅果⋯1/3杯（壓碎）

萊姆風味橄欖油⋯1大匙

無糖優格⋯2小匙

薄荷葉⋯幾葉（洗淨擦乾）

作法

1 對剖西洋梨，擺進烤盤，放入預熱至180度C的烤箱，烤20分鐘至焦糖化。

2 取出烤好的西洋梨，撒上堅果、淋上萊姆風味橄欖油，回烤箱烤約10分鐘，至有堅果香氣後取出。

3 最後加上無糖優格、薄荷葉即完成。

五色義大利麵

Five Colors Sauces with Pasta

椰子辣椒醬

甜菜根醬

吃義大利麵醬永遠只加紅醬、青醬很
沒趣吧？我把種籽、香草、堅果、根
莖類、菇類、蔬菜、椰子粉、辣椒…
等天然食材調製出自己喜歡的顏色、
香氣、味道，做出特殊醬汁，很美也
很有成就感！

食材與作法

[椰子辣椒醬]
將100g椰子粉倒入調理機中，放進1株新
鮮香菜、1根切碎的紅辣椒，再倒入橄欖
油攪打均勻即完成。

[甜菜根醬]
將100g甜菜根切塊，與1瓣大蒜放入調理
機中，邊加橄欖油邊調整稠度攪打，最後
加入少許檸檬汁拌勻即完成。

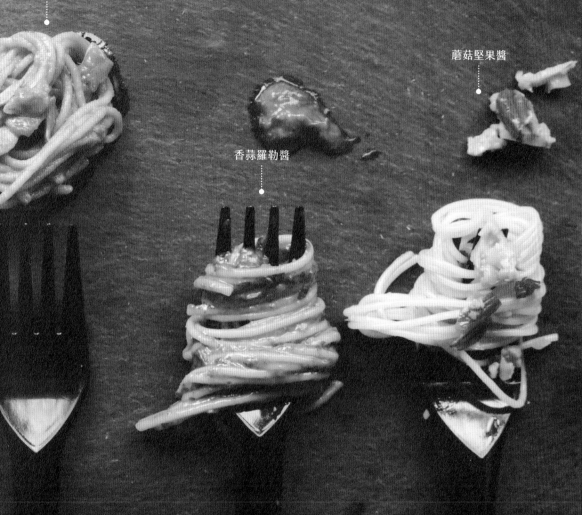

南瓜籽鼠尾草醬

蘑菇堅果醬

香蒜羅勒醬

[南瓜籽鼠尾草醬]
蒸熟南瓜帶籽一起放入攪拌機中，加入鼠尾草和1瓣大蒜、橄欖油攪打，再加適量起司粉，最後磨入少許肉荳蔻拌勻即完成。

[香蒜羅勒醬]
將50g新鮮羅勒和1瓣大蒜放入調理機中，倒入羅勒風味橄欖油攪拌，再加入適量起司粉攪打均勻即完成。

[蘑菇堅果醬]
切片蘑菇100g放入平底鍋中，倒入1茶匙油，煎5分鐘後取出。將煎過蘑菇、1瓣大蒜、適量堅果、去籽紅辣椒，倒入調理機中，倒入橄欖油攪打均勻，再加適量起司粉拌勻即完成。

橄欖油香蒜醬與乾煎地瓜

Garlic Olive Oil with Fried Sweet Potato

自從上過「人良油坊」的品油課後，發現原來橄欖油能有多種風味，像是迷迭香、柑橘、羅勒…等等，用來提味烹調很有趣。不過我更常用鮮果橄欖油和大蒜做搭配，做成沾醬，只是把麵包換成纖維滿滿的地瓜，更加健康。

材料

地瓜…2條（切片）

鮮果橄欖油…2-3大匙

大蒜…3-5瓣

新鮮羅勒葉…5-6葉

起司粉…1小匙

黑胡椒…適量

鹽…少許

作法

1 加熱平底鍋，放入地瓜片乾煎至上色。

2 將地瓜以外的材料全放入調理機中攪打均勻成醬，淋在地瓜片上享用。

燉煮豆佐酪梨果油醬
Stewed Beans with Handmade
Avocado Sauce

酪梨又稱為「牛油果」，屬於油脂來源，是超級食物之一，它的油脂非常健康，富含單元不飽和脂肪酸與維生素 E，是對於女性特別好的食材之一。我喜歡把它做成醬，和燉煮豆類一起吃，一次攝取好油脂和豐富蛋白質。

材料

[燉煮豆]

黃豆…1飯碗

番茄泥…1大匙

動物性鮮奶油…30ml

鹽…少許

黑胡椒…少許

[酪梨果油醬]

酪梨…1顆（取肉壓成泥）

冷壓初榨橄欖油…1大匙

小型牛番茄…1顆（去籽切小丁）

中型紫洋蔥…1/4顆（切碎）

綠辣椒…1根（切圈）

鹽…少許

黑胡椒…少許

作法

1 先浸泡黃豆半天，以滾水鍋煮熟後撈出，瀝乾水分，備用。

2 將黃豆放入湯鍋中，加入其他材料，煮3分鐘後關火。

3 接著做酪梨果油醬，將所有食材放入大碗中拌勻，佐燉豆一起享用。

青豆芹菜湯配油煎麵包塊

Green Beans Celery Soup
and Fried Bread With Goat Cheese

有時想喝一碗濃郁的湯品時，調理機或手持式調理棒絕對是你的好幫手，只要把食材們都煮熟了，全部攪打在一起、淋上優質橄欖油，再佐麵包片一起吃，看似簡單，但營養卻滿分。

材料

青豆…1杯

芹菜…1株（切段）

高湯…1罐（400g）

冷壓初榨橄欖油…1大匙

起司粉…1/2杯

鹽…少許

黑胡椒…少許

奶油…30g

山羊乳酪…30g

法國長棍麵包…1片

作法

1 備一鍋滾水鍋，放入將青豆、芹菜段煮熟，撈起瀝乾水分，備用。

2 步驟1食材放入調理機中，先倒入一半高湯攪打，再分次加入高湯打至適當濃度，接著加起司粉，以鹽和黑胡椒調味後再稍微打一下，即成濃湯。

3 加熱平底鍋，放入奶油，煎香麵包片至兩面上色，取出搭配濃湯與山羊乳酪一起享用。

綠花椰湯淋萊姆橄欖油

Broccoli Soup with Lime Flavor Olive Oil

綠花椰菜實在是我再熟悉不過的蔬菜之一，
冰箱裡實在不能沒有它！要記得，綠花椰菜
別煮得過久了，不然營養會流失喔，同樣用
調理機就能優雅地完成這道湯品。

材料
中型綠花椰…1顆（切小朵）
煮綠花椰的水或高湯…600g
萊姆風味橄欖油…少許
起司粉…1/2杯
鹽…少許
黑胡椒…少許

作法
1 洗淨小朵綠花椰，放入滾水鍋中煮熟後撈起，
　水留著備用。
2 將綠花椰放入調理機中，先倒一半煮綠花
　椰的水或高湯，攪打約1分鐘，至適當濃度
　後，加入起司粉稍微打一下。
3 最後淋上萊姆風味橄欖油，以鹽和黑胡椒調
　味即完成。

百里香烤南瓜洋蔥湯
Roasted Pumpkin Onion Soup

有時去逛傳統市場，看到小農們賣的無毒蔬菜或根莖類，總會忍不住買一些回家。買到的南瓜皮表雖然有點醜醜的，但那可是最營養的部分呢，不削皮就切塊，煮成免顧火就非常濃郁好喝的暖心湯品。

材料

南瓜…200g（不去皮切塊）

洋蔥…1/2顆（不去皮切塊）

百里香…1小把

橄欖油…1大匙

海鹽…少許

黑胡椒…適量

高湯…適量

作法

1　預熱烤箱至200度C，把洗淨的洋蔥和南瓜連皮放在烤盤上，淋上橄欖油，撒上海鹽、黑胡椒和百里香，進烤箱至烤透並產生香氣。

2　將步驟1食材放入調理機，另加一小把百里香和高湯，一起攪打一邊調整高湯量，打成糊狀即完成。

Cooking Tips

我通常會用洋蔥、紅蘿蔔、牛蕃茄、西洋芹、適量胡椒粒…等食材做蔬菜高湯，不用鹽調味，蔬菜份量可自由調整。只要水量淹過蔬菜料，熬煮一個小時，然後濾渣幾次靜置，再分包冰存，隨時方便使用！

奇亞籽麵包
Chia Seeds Bread

材料
高筋麵粉⋯330g
低筋麵粉⋯70g
雞蛋⋯1顆（打散）
牛奶⋯170g
水⋯30g
奇亞籽⋯15g
砂糖⋯56g
鹽⋯4g
酵母粉⋯4g
發酵奶油⋯30g

被譽為超級食物的奇亞籽該怎麼吃呢？一般泡冷水或溫水，靜置後會呈現膠狀，可直接飲用或加檸檬或蜂蜜做調味，有點像山粉圓的口感。若不做料理的話，可加入早餐穀麥片、牛奶、豆漿中食用，或加在自製果醬中也很棒。此外，烘焙麵包時，直接拌入麵糊或出爐前再撒在上面都可以。

Cooking Tips

「水合法」是指麵粉的蛋白質跟水分結合，會形成筋膜；30分鐘的水合時間可以縮短揉麵的時間。這個食譜約可做4-5顆麵包。

作法

1. 用30g的水將15g奇亞籽泡開,備用。

2. 取一鋼盆,倒入高筋麵粉、低筋麵粉、蛋液、牛奶與泡開的奇亞籽攪拌成團,用保鮮膜包好,放置30分鐘。

3. 加入砂糖攪拌均勻,再加入酵母粉拌勻。

4. 加入鹽,攪拌麵團至擴展階段,加入發酵奶油,需拌至光滑不黏手且有彈性。

5. 待麵團發至兩倍大(約1.5-2小時),分割成每份60-70g,再鬆弛20分鐘。

6. 整形麵團,待第2次發酵約50-60分鐘,將麵團有間隔地排在烤盤上。

7. 烤箱預熱至180-190度C,烤約12-14分鐘後出爐。

③

④

蕎麥煎餅佐優格蔬菜咖哩

Handmade Buckwheat Pancakes with Yogurt Vegetable Curry

奇亞籽油十分珍稀，它含有多元不飽和脂肪酸、能幫助人體抗氧化、對抗自由基。但由於它不適合用來高溫熱炒，所以我會加在麵糊裡做煎餅，再佐上多種蔬菜的咖哩，很適合冬天熱熱吃喔。

材料

[煎餅]

奇亞籽油…適量

無麩質蕎麥…1杯

天然酵母…3g

溫水…30g（60-65度C）

肉桂粉…1/2茶匙

椰子油…1大匙

[蔬菜咖哩]

洋蔥…1顆（切塊）

胡蘿蔔…2根（切塊）

馬鈴薯…2顆（切塊）

蘑菇…5顆（切片）

椰子油…1大匙

薑黃粉…1大匙

原味優格…1杯

高湯…適量（蔬菜的量）

月桂葉…1片

鹽…少許

作法

1 取一大碗，將煎餅材料（椰子油除外）混合調成糊狀，稍作靜置備用。

2 加熱平底鍋，倒入1大匙椰子油，待油化開後倒入適量麵糊，滑動鍋子攤勻麵糊。

3 全程使用小火煎，用鍋鏟輕壓、輕鏟起一角，若已經能被鏟起來，就可翻面；續煎2分鐘左右就可以取出。

4 接著製作蔬菜咖哩，在湯鍋中放1大匙椰子油、綜合蔬菜塊、蘑菇片，煎至焦糖化後，加入薑黃粉一起炒香至上色。

5 倒入優格拌勻，再倒入高湯蓋過蔬菜，放1片月桂葉，燉煮至蔬菜全熟，起鍋以鹽調整味道即完成。

蘑菇核桃馬鈴薯泥
Mushroom Walnut Mashed Potatoes

許多人會覺得馬鈴薯有澱粉、好像很容易胖，但若在烹調這方面花些心思，比方煮成泥後再放涼當主食，其實會成為抗性澱粉，以增加膳食纖維、血糖指數也不會那麼高。更好的是再搭配多樣蔬菜一起吃喔！

材料

冷壓初榨橄欖油…1大匙
大顆蘑菇…2顆（切片）
核桃…1/2杯
中型馬鈴薯…2顆
奶油…50g
動物性鮮奶油…50g
香檬風味橄欖油…適量
鹽…適量
黑胡椒…適量

作法

1 洗淨馬鈴薯，帶皮放入電鍋蒸熟後取出。

2 取一寬口平底鍋，倒入冷壓初榨橄欖油，煎香蘑菇片與核桃，盛起備用。

3 利用蒸熟的馬鈴薯熱度，一邊搗碎、一邊加入奶油及鮮奶油，快速攪拌再淋入適量香檬風味橄欖油，以鹽與黑胡椒調味。

4 將馬鈴薯泥與煎香的蘑菇片、核桃盛盤一起享用。

伐木工人麵
Fettucine Boscaiola

Boscaiola是伐木工人的意思，原來採蘑菇是伐木工人一邊工作砍了木頭，順便把樹幹上的蘑菇摘下拿回家加菜，簡單拌炒新鮮蘑菇加上番茄麵條的傳統美味。

材料

橄欖油…2大匙
蘑菇…250g
洋蔥…1/2顆（切碎）
大蒜…2瓣（切碎）
罐裝去皮番茄…1罐
義大利寬麵…200g
新鮮香草碎（檸檬百里香、鼠尾草）
鹽…少許
黑胡椒…少許

作法

1 用廚房紙巾擦拭蘑菇，切薄片備用。
2 加熱平底鍋，倒入橄欖油，以中火炒香洋蔥碎、大蒜碎，加入番茄、蘑菇片煮沸，再轉小火煮10分鐘。
3 備一滾水鍋，煮熟義大利麵，將麵條放入步驟2中，撒上新鮮香草碎，以鹽和黑胡椒調味拌勻即完成。

青辣椒野菇椰奶湯麵

Green Chilli Mushroom Coconut Milk Noodles

這是一道不用大費周章製作的湯麵，即使調味十分簡單，但因為特意以椰奶做提味，所以湯品滋味會讓人眼睛一亮！湯料可換成不同的菇類，或是喜愛的蔬菜。

材料

雞胸肉…1片（切絲）

雞高湯…250g

椰奶…100g

喜愛的菇類…1把

青辣椒…1根

檸檬…1顆（擠汁）

義大利寬麵…1捲

鹽…適量

橄欖油…適量

黑胡椒…適量

作法

1 在湯鍋中倒入橄欖油，放入雞肉絲、菇類、青辣椒一同煮熟。

2 倒入雞高湯煮一下，再倒椰奶攪拌即熄火。

3 備一滾水鍋，放入義大利寬麵煮熟，撈起放入步驟2的湯中。

4 擠入檸檬汁，以鹽與黑胡椒調味即完成。

火焰烤餅

Flammekueche

火焰烤餅是薄薄脆脆的口感，因為這道料理原本是以木炭窯烤，所以邊緣容易呈現焦褐色，故因此得名。對了，記得火焰烤餅要趁熱吃喔！

材料

[餅皮]

高筋麵粉…200g

鹽…1茶匙

橄欖油…1匙

酵母粉…3g

溫水…110g

[鋪料]

酸奶…200g

洋蔥…1/2顆（切絲）

乾的紅辣椒（切碎）

生火腿…100g

小番茄…數顆（切半）

匈牙利紅椒粉…少許

鹽、黑胡椒…適量（可略）

作法

1 取一鋼盆，倒入高筋麵粉、鹽、橄欖油、酵母粉，慢慢倒入溫水揉成團，需揉至不黏手的程度，包覆保鮮膜，在室溫下靜置30分鐘以上。

2 在烤盤上鋪烘焙紙，放上麵團擀平，越薄越好，擀成長方形。

3 將酸奶抹平在餅皮上，均勻撒上洋蔥絲、生火腿、紅辣椒、小番茄，撒上匈牙利紅椒粉、鹽、黑胡椒。

4 放入預熱至200度C的烤箱，烤約20分鐘即可出爐。

米型麵鑲甜椒
Orzo Insert Roasted Sweet Peppers

比起綠綠的青椒來說，彩椒是比較容易讓人接受的椒類蔬菜，苦味並不明顯。利用它的可愛造型當成可食用器皿，放入米型麵、填入蔬果與堅果…等食材，是美味又方便做的烤箱菜。

材料
中型彩椒…3顆
米形麵…1米杯
橄欖油…1大匙
蘑菇…2顆（切片）
核桃…1/2杯
焗烤用起司…適量
鹽…適量
黑胡椒…適量

作法
1 洗淨彩椒，切掉1/3並去籽。
2 備一滾水鍋，依包裝袋上指示煮熟米形麵，備用。
3 加熱平底鍋，倒入橄欖油，放入蘑菇片和核桃，以中火炒香，盛起備用。
4 將步驟3翻炒好的食材填入彩椒中，上面撒起司，放入預熱至180度C的烤箱，烤30分鐘，直到椒皮變軟、起司融化即可取出。

鍋烤紅藜小米飯
Pot Roasted Red Quinoa and Millet Meal

材料
紅藜…2杯
小米…1杯
冷壓初榨橄欖油…1大匙
水或高湯…3.5杯

紅藜是這幾年來很紅的健康食材，當成主食或撒在溫沙拉上都很棒。不過有些人不習慣直接吃紅藜飯，所以建議可以放些小米一起煮，同時增加口感層次。

作法

1 以細濾網洗淨紅藜及小米，會起泡泡為正常現象。

2 備一18cm的鑄鐵鍋，倒入水或高湯、紅藜、小米，以大火煮沸後，撈去浮殼泡沫，轉小火燜煮約8分鐘後關火。

3 掀開鍋蓋，若已經收乾水分，即可放入烤箱，開蓋烘烤；上下火180度C直接烤15分鐘。

4 取出紅藜小米飯，趁熱淋上冷壓初榨橄欖油快速攪拌即完成。

鍋烤瑪格麗特披薩

Pot Roast Margaret Pizza

用鑄鐵鍋烤披薩或免揉麵包，都是方便操作者直接放入烤箱可當成恆溫均熱的烤盤使用。如果沒有烤箱或烤箱不夠大，鑄鐵鍋可放爐上，加蓋就自成一個小烤箱的原理，不用進烤箱一樣可以完成這道料理！

材料

[餅皮]

高筋麵粉…200g

砂糖…10g

酵母粉…2g

溫水…200g

鹽…3g

植物油…10g

[餡料]

牛番茄…1顆（切圓片）

洋蔥…少許（切絲）

番茄佩司醬…1大匙

生火腿…1片（撕小塊）

焗烤用起司…適量

新鮮羅勒葉…5-6片

作法

1 將餅皮材料放入大碗中，分次倒入溫水，依麵團的乾濕度酌量增減，將麵團揉成光滑的狀態，包覆上保鮮膜，靜置發酵30分鐘以上。

2 待麵團膨脹至兩倍大，將麵團裡的空氣擠壓出來，再靜置5分鐘。

3 於工作檯面上撒一些麵粉，擀平麵團成圓形薄餅皮，直接放進平底鍋中。

4 將番茄佩司醬塗在餅皮上，然後鋪上番茄片、洋蔥絲、生火腿、焗烤用起司及羅勒葉。

5 放入預熱至200度C的烤箱，烤約30分鐘即可出爐。

Cooking Tips

麵團於冬天的發酵時間需比夏天放室溫下發酵更長，若有發酵箱或是烤箱有發酵功能的話，可以大大縮短等待時間。

專業營養師這樣說

Column
02

納入地中海飲食的推薦在地食材

專訪──李婉萍營養師

採訪撰文──李美麗

許多人可能會被「地中海」這個名詞侷限住，以為烹調地中海飲食一定要選用進口蔬菜，才能做出正統的料理。其實地中海飲食是一種健康的飲食態度，並沒有食材來源的限制。只要掌握「多蔬果、豐富的五穀雜糧、適量的白肉蛋白質」這三個大原則，台灣的在地食材，全都可以做出符合地中海飲食精神的菜色。以下介紹台灣在地的好蔬果，平時可多多用它們納入地中海飲食中：

蔬果類

地中海飲食的風格之一，就是大量攝取富含不同「植化素」的多彩蔬果與根莖類，植化素是植物在大自然環境中為保護

自己好好生長，而產生出的天然化合物，大致分有六類、粗略依各色蔬果來分不同的植化素，它們對人體有著不同功用。

植化素包含了類黃酮素、類胡蘿蔔素、有機硫化物、酚酸類、植物性雌激素…等。紫色食材就含有豐富的類黃酮素，常見於茄子、火龍果、葡萄、紫地瓜、紫山藥…等，它們都屬於有花青素的好食材，能抗氧化並清除自由基。

在抗氧化方面，各種柑橘類或番茄就很棒，柑橘類的維生素C含量高，但記得包裹果肉的白色橘絡要一起吃，不僅纖維含量高，對於降低血脂肪也很有幫助；而番茄是在地中海料理的常見食材，在台灣也

有豐富的產量，近年來也有不同顏色小番茄可供烹調搭配使用。

而綠色蔬菜的部分，我們熟悉的各種苦瓜，尤其是山苦瓜對於穩定胰島素有很好的幫助；十字花科的綠花椰營養價值更勝美生菜，它有著能將有害物質排除體外的吲哚（植化素中的有機硫化物）；而蘆筍和綠竹筍也是適合地中海飲食的絕佳在地食材，尤其綠竹筍水分含量高、鉀離子高，對心血管疾病患者來說，很有幫助。

在根莖類的部分，牛蒡是很推薦的食材之一，它不僅有豐富的總多酚（綠原酸、咖啡酸…等）能抗自由基，同時保護心血管之外，還有胺基酸能促進血液循環並減

緩疲勞、加速恢復精神。牛蒡也非常有益於人體的腸道健康，因為它含有菊糖…等水溶性纖維以及非水溶性纖維，多多用它來煮蔬菜湯或做涼拌小菜都很棒。

全穀雜糧豆類

在五穀雜糧方面，台灣糙米、黑糯米、黑米都是優良的高纖食材；另外，已有業者栽培出不輸國外品種的台灣紅藜，可和白米一起煮食；而玉米也是很好的全穀根莖類來源，葉黃素、玉米黃素含量都非常高（都屬於植化素），不管是拌沙拉、煮湯都很好吃。

地中海料理會將豆類入菜，例如鷹嘴豆泥、燉豆子湯…等，在台灣的話可選在地常見的皇帝豆、毛豆、豌豆仁這類豆類，也是很好的選項，比方煮皇帝豆湯、毛豆炒蛋、炒豌豆仁。如果鹹味的豆類料理比較不習慣的話，其實吃紅豆湯、綠豆湯這些點心，也都是很好的豆類營養來源，也算符合地中海飲食的概念喔！

魚鯊類

在魚類方面，台灣在地的鯖魚、秋刀魚、虱目魚都含有豐富的omega-3、EPA、DHA，能夠發揮很好的抗發炎功用，都是很符合地中海飲食的魚鯊。

單元不飽和脂肪酸

地中海飲食大量使用橄欖油做菜，在台灣的話，苦茶油也很接近它的營養、它所含的單元不飽和脂肪酸甚至超過橄欖油；另外，常見的芝麻油的抗氧化能力也不輸橄欖多酚，這兩種油都可多多運用於日常吃食裡。

Part.2

週週吃！魚類海鮮與蛋、白肉

比起紅肉，魚和海鮮是地中海飲食比較常吃的主
食材，我們是海島國家，海鮮的取得與種類都滿
親切的，再利用平底鍋、烤箱，做成不同主食、
沙拉…等菜色變化。

春蔬番茄燉魚
Acqua Pazza

這道料理源自南義小島 Ponza 的料理方式，當地的捕魚人家用番茄、白酒和新鮮香草做出這道快速又美味的經典漁夫料理。

材料

橄欖油…3大匙

白肉魚片…250g

大蒜…3瓣

整粒去皮番茄…1罐（含汁）

白酒…1杯

開水…1杯

新鮮香草…一大把（切碎）

鹽…適量

黑胡椒…適量

作法

1 加熱平底鍋，倒入橄欖油和蒜瓣，以小火煎香，放入番茄燉煮至產生香氣。

2 放入白肉魚片，淋入白酒，以大火讓酒精揮發，再倒一杯水，蓋上鍋蓋慢燉。

3 開蓋，放入新鮮香草攪拌，以鹽和黑胡椒調味即完成。

Cooking Tips

在當地的家庭料理中，大多是選擇整尾白肉魚，當然你也可以使用，而餐廳為了擺盤美觀與食用方便，一般大多使用魚肉片來燉煮。

地中海魚與庫斯庫斯
Mediterranean Stewed Fish with Couscous

庫斯庫斯（Couscous）是質地堅硬的杜蘭小麥（Durum Wheat），打成顆粒粗細像小米後再加蒸煮、烘乾的粗麥半成品，在印度、北非、地中海…等地區普遍且平價，就像飯、麵…等主食一樣，可搭配任何肉類或海鮮、沙拉。

材料

白肉魚…1尾（去內臟和頭尾）
橄欖油…2大匙
番紅花…1小撮（浸水並保留）
青蔥…1根（切碎）
中型甜椒…1/2顆（切碎）
新鮮百里香…1小撮
鹽…適量
黑胡椒…適量
泡開的庫斯庫斯…適量

作法

1 將泡好膨脹的庫斯庫斯瀝乾，並且撥鬆；番紅花泡熱水，備用。

2 洗淨處理好的魚，在魚皮上劃刀成格線狀，以橄欖油、鹽、黑胡椒調味，放入已倒油的平底鍋中，煎至酥脆取出，備用。

3 利用原鍋中的魚油炒香青蔥碎、甜椒碎，新鮮百里香、番紅花水也倒入鍋中，放進步驟2煎好的魚，蓋上鍋蓋，以小火燜煮5分鐘後關火。

4 確認魚肉熟了之後，搭配庫斯庫斯享用。

Cooking Tips

庫斯庫斯所以不需清洗，跟燉飯米一樣可以直接烹調。依欲食用的人數，以1杯庫斯庫斯配1杯熱水的比例，倒入鍋中，再加1小匙鹽，蓋上鍋蓋等待吸水膨脹，若1：2會較濕潤；另外也可直接對應熱高湯沖泡。

超級食物鮭魚溫沙拉
Salmon Warm Salad with Super Foods

我很喜歡做溫沙拉，因為不管是夏天或冬天都適合端上桌。以魚肉為主角，搭上冰箱裡有的各種蔬果，再以橙類提味，記得加入好油脂的堅果食材，或搭上一些庫斯庫斯，一點也不麻煩地一次吃進各種營養素。

材料

綠花椰菜…200g（切小朵）

鮭魚片…200g

壓碎的堅果…30g（如杏仁、核桃、夏威夷豆）

混合種籽…30g（如亞麻籽、南瓜籽、葵花籽）

甜橙…1顆（磨皮屑）

鹽…適量

黑胡椒…適量

喜愛的風味橄欖油…2大匙

作法

1. 備一滾水鍋，放入小朵綠花椰菜汆燙至熟，撈出瀝乾水分，備用。
2. 另起一滾水鍋，放入鮭魚片煮約3分鐘取出瀝乾。
3. 加熱平底鍋，不加油，以小火快速煎香壓碎的堅果和混合種籽，盛起。
4. 將綠花椰菜、鮭魚片、堅果與種籽擺盤，刨一點甜橙皮屑，以鹽和黑胡椒調味，最後淋上風味橄欖油即完成。

希臘烤魚派

Greek Baked Fish Pie

鹹派或甜派的製作配方中，總是使用無鹽奶油，但也可用橄欖油來取代。使用奶油的麵團在冰後容易硬化，而且麵團組織較為黏膩緊實，但只要操作得當、記得別讓麵團在室溫中耗時過久融化，這樣麵皮擀平後就很容易操作、易搬移至烤盤中，此食譜用的是18cm左右的烤盤。

材料
鮭魚排…200g

[派皮]
無鹽奶油…100g
低筋麵粉…200g
鹽…1小匙
雞蛋…1顆

[蛋奶液]
動物性鮮奶油…200g
雞蛋…2顆
鹽…適量
黑胡椒…適量

作法
1 將冰過的奶油切成小丁，打散蛋液，備用。
2 備一大碗，倒入麵粉，再倒入鹽、奶油丁，以指尖快速將奶油和麵粉揉和至顆粒狀。
3 混合蛋奶液材料後過篩，倒入鋼盆中，用叉子將步驟2和蛋奶液混合，最後揉成團，用保鮮膜包好，放冰箱冷凍半小時。
4 取出麵團回室溫，以擀麵棍擀成比派盤大約2mm厚的圓形，將派皮放入派盤後，裁掉多餘的派皮邊緣。
5 放入魚排，倒入約魚肉1/2高度的蛋奶液，放入預熱至200度C的烤箱，烤約30分鐘後取出。

④

低脂魚咖哩
Low-Fat Fish Curry

說到咖哩，大部分的印象是以肉類來烹煮，不過用白肉魚來煮也很好吃呢！這道咖哩不用長時間熬煮，是水分比較多的咖哩，而且魚肉會吸飽洋蔥甜味，滋味清爽無負擔。

材料
白肉魚片…250g
中型洋蔥…1/2顆（切碎）
大蒜…3瓣（切末）
無糖原味優格…100g
水…100g
薑黃粉…1大匙
西洋芹葉…1根
鹽…適量
橄欖油…適量

作法
1 加熱平底鍋，倒入適量橄欖油，先爆香洋蔥碎、蒜末。
2 加入薑黃粉、咖哩粉、無糖原味優格，和水一起煮滾。
3 燉煮幾分鐘後，加入魚片、鹽、西洋芹葉一起煮熟後即完成。

超級食物的鮭魚烤餅

Salmon Scones with Superfood

我的食物櫃裡，各種堅果是常備品，有時做沙拉、有時撒在義大利麵上、有的撒在湯品裡提味。如果剛好有些時間，我會和魚肉一起做成烤餅，吃不完的，還能當成隔天早餐。

材料

亞麻仁油…2大匙

鮭魚…1片（蒸熟或烤熟）

壓碎的堅果…50g（如杏仁、核桃、夏威夷豆）

混合種籽…50g（如藜麥、奇亞籽、亞麻籽、南瓜籽）

高筋麵粉…100g

雞蛋…1顆（打散）

椰奶…20g

鹽…少許

作法

1 取一大碗，過篩麵粉，加入一點鹽、蛋液、椰奶、亞麻仁油，混合成團，備用。

2 加熱平底鍋，不加油，以小火快速煎香壓碎的堅果和混合種籽，盛起。

3 將熟鮭魚弄碎，放入碗中，再倒入堅果和種籽拌合。

4 將步驟1的麵團分成二塊，擀成片狀，將所有食材包入，包成圓餅狀。

5 放入預熱至180度C的烤箱，烤30分鐘即可出爐。

Cooking Tips

除了食材表的材料，南瓜、燕麥、地瓜、藜麥、亞麻籽、無花果、堅果、羽衣甘藍、酪梨、枸杞、櫛瓜、核桃、橙花、薑黃、花椰菜、鷹嘴豆、黑豆…等，也可以當餡。

①

②

③

④

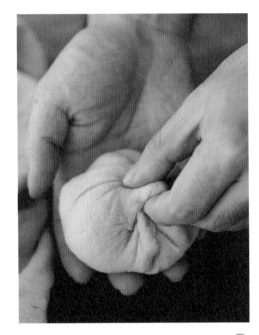

⑤

⑥

燉煮甜椒白肉魚

Stewed Fish with Sweet Pepper

匈牙利紅椒粉也是我的調味愛用品之一，不會嗆辣、但能取它的香氣和增色，讓料理風味更佳。這道魚料理很簡單，主要是食材之間的搭配，讓魚肉味道完全豐富起來。

材料

白肉魚…1片
新鮮羅勒葉…5片（切碎）
紅甜椒（切絲）
匈牙利紅椒粉…1小匙
大蒜…3瓣（切片）
青辣椒…1條（切圈）
黑橄欖…5顆（切片）
萊姆…1/3顆（擠汁）
橄欖油…2大匙
白酒…1/2杯
開水…1杯

作法

1 加熱平底鍋，倒入橄欖油，先放入大蒜片、紅椒粉爆香，加入紅甜椒絲和開水煮至滾沸後轉小火。

2 放入魚片，倒入白酒煮至酒精揮發，並燉煮至熟。

3 撒上羅勒葉碎、青辣椒圈、黑橄欖片拌勻，最後擠上萊姆汁即完成。

巴薩米克醋漬秋刀魚
Pickled Saury with Balsamic Vinegar

在台灣，有些媽媽覺得煎秋刀魚會讓鍋子、廚房都是魚味，但秋刀魚是很棒的魚種、而且價格算是親切的。今天用巴薩米克醋讓秋刀魚變得不一樣，將魚味轉化為甜香味，只要用烤箱就能輕鬆做出成品喔。

材料

秋刀魚…3尾（去內臟）
新鮮香草…1株（揉碎）
巴薩米克醋…150g
海鹽…3小匙
黑胡椒…適量

作法

1. 洗淨秋刀魚，用廚房紙巾確實擦乾魚身，撒上海鹽和黑胡椒抹一下；另將烤箱預熱至200度C，備用。
2. 將秋刀魚放入烤箱，烤30分鐘後取出，盛入深皿中放涼。
3. 倒入巴薩米克醋、揉碎的新鮮香草，於深皿中浸漬一晚（途中要取出翻面），隔日即可食用。

義式海鮮燉飯
Italian Paella

在地中海沿岸，關於燉飯的做法至少就分成四大區域，每種各有特色：義式香草、法式奶醬、西班牙紅油、北非香料。以橄欖油炒香義大利燉飯米，再搭配上新鮮魚貨，是當地傳統的漁夫料理之一。

材料

義大利米…1杯
淡菜…6顆
透抽…1/2隻（切段）
鮮蝦…5尾
洋蔥碎…1/2顆
大蒜碎…1大匙
橄欖油…1大匙
白酒…120g
熱雞高湯…足量
無鹽奶油…30g
鹽…適量
黑胡椒…適量
新鮮迷迭香…1小根
新鮮百里香…1小株
新鮮鼠尾草…1小株

作法

1 加熱平底鍋，倒入橄欖油，以中火將蝦煎香，挾出備用。

2 原鍋炒透抽和淡菜，先倒入20g白酒，煮至酒精揮發後，全部取出備用。

3 原鍋加入一半的奶油和洋蔥碎拌炒至焦化，再放入蒜末炒香。

4 加入義大利米翻炒至出現香氣，再倒入剩餘的白酒炒至酒精完全揮發。

5 以大湯勺分次加入高湯，不斷翻炒米粒至水分完全吸收後，再加入一大湯勺翻炒直至高湯用完為止。

6 加入所有海鮮料，讓海鮮味道和燉飯充分融合在一起，此時米的熟度大約8.5-9分熟，先關火。

7 加入剩下的奶油、三種新鮮香草，以鹽、黑胡椒調味拌勻即完成。

香草紙包海鮮總匯

Paper Bag with Seafood and Herbs

新鮮香草、檸檬、白酒、橄欖油都是我愛用也常用的東西，有了它們再加上各種海鮮，直接送進烤箱，就算調味極其簡單，就能讓人吃得非常滿足開心！

材料

冷壓初榨橄欖油…3大匙
喜愛的綜合海鮮…1盤
檸檬百里香…1株
白酒…1/2杯
海鹽…適量
黑胡椒…適量

作法

1. 將綜合海鮮和新鮮香草洗淨並擦乾，烤箱預熱至180度C。
2. 取一烤盤，鋪上烘焙紙並將四邊捲起像一個淺盤，排入綜合海鮮、檸檬百里香、檸檬片，淋上白酒和冷壓初榨橄欖油，撒上適量海鹽與黑胡椒。
3. 放入烤箱，烤15-20分鐘左右取出，亦可視海鮮的熟度調整。

Cooking Tips

搭配海鮮烹調時，我最愛用檸檬百里香，散發清淡優雅不搶氣是它的特色！你也可選用檸檬馬鞭草，雖然檸香較強烈，但是使用較少葉數就可達到平衡，是如果剛好沒有萊姆、檸檬時，很好用的替代品。

炙燒雞胸肉配薑黃飯
Fried Chicken Breast with Turmeric Rice

雞胸肉本身就是低脂的食材，為了讓食用時不覺得乾柴，我習慣抹一點橄欖油並且順便調味，再下鍋炙燒。配菜的部分很自由，有什麼蔬菜就簡單水煮，就是很豐盛的一道料理囉。

材料

白米…1杯

薑黃粉…1大匙

雞胸肉…1片

橄欖油…1大匙

匈牙利紅椒粉…1小匙

海鹽…適量

黑胡椒…適量

小胡蘿蔔…數根

綠花椰菜…數朵

作法

1 將米洗淨瀝乾，以1杯米對1杯水的比例，並加入薑黃粉攪勻，放電鍋煮成薑黃飯。

2 在雞胸肉表面淋上橄欖油，抹勻匈牙利紅椒粉、海鹽與黑胡椒，靜置備用。

3 備一滾水鍋，放入洗淨的小胡蘿蔔和綠花椰菜，加少許鹽，煮熟後撈出瀝乾水分，備用。

4 取一煎盤，將雞胸肉炙燒至熟，搭配煮好的薑黃飯、水煮蔬菜一起享用。

蘭姆酒百里香烤春雞

Roasted Poussin with Thyme and Rum

材料

春雞…1隻

新鮮百里香…1株

蘭姆酒…30g

無鹽奶油…50g

海鹽…適量

黑胡椒…適量

春雞是迷你的肉用雞，通常飼養4個月，重量只有600-700g，骨架細而且全身肉質細嫩，或許你在法式料理餐廳也看過烤春雞。在台灣的進口超市或網路下單都很容易買到：而且比起一般的整隻雞料理，春雞的份量較少，一次吃光光、不會浪費食材，加上全身肉質細嫩，不需要搶雞腿吃，連雞胸肉都好吃多汁！

Cooking Tips

「靜置15分鐘」是為了讓肉汁回流，因此，無論是烤雞、烤大塊肉類或煎牛排，完成後千萬別馬上切來吃，記得要靜置停留。烹烤肉類時，纖維會開始釋放水分，這些水分會上升到肉的表面，其中有些會蒸發。如果雞一烤完就馬上切開，水分沒有充足的時間均勻散布在雞身，就會隨著切下去時水氣散出來，而使肉變得乾硬。

作法

1 將春雞洗淨,以廚房紙巾確實擦乾內外,烤箱預熱至180度C,備用。

2 製作蘭姆酒香草奶油:將軟化的奶油、蘭姆酒、新鮮百里香捏碎、海鹽與黑胡椒全倒入碗中,確實拌勻。

3 利用蘭姆酒香草奶油均勻按摩雞肉,放入烤箱中烤約40分鐘,直到雞肉表面金黃酥脆後取出。

4 取出靜置15分鐘,即可享用!

低溫水煮雞胸肉
佐炙烤根菜

The Low-Temperature Boiled
Chicken Breast and
Grilled Rhizome Vegetable

用「舒肥」的方式來煮雞肉，肉質可以十分水嫩；如果仍喜歡一點焦香味，可用廚房紙巾稍微拍乾雞胸肉表面，以熱鍋稍微煎上色，同樣搭配煎過的蔬菜一起享用。

材料

雞胸肉…2塊
甜菜根片…適量
南瓜片…適量
橄欖油…1大匙
第戎芥末醬…1大匙
新鮮鼠尾草…1小株
海鹽…適量
黑胡椒…適量

作法

1 將雞胸肉與濃度2-5％的鹽水、新鮮鼠尾草、鹽和黑胡椒放入大碗中，浸泡30分鐘，備用。

2 取出雞胸肉，放入真空袋中抽成真空狀態，放入鑄鐵鍋中，以舒肥法以60-70度C的水浴浸泡1個小時後取出靜置。

3 加熱平底鍋，倒入橄欖油，炙燒雞肉、南瓜片和甜菜根片至上色，盛起備用。

4 將雞胸肉切片，搭配步驟3的根莖類蔬菜，沾取第戎芥末醬一起享用。

Cooking Tips

雞肉浸鹽水是為了利用鹽擴散到肌肉細胞裡面，營造比濃鹽水高的環境，讓外面的水可滲透到肉的細胞中，如此就能預先補回烹調時將流失的水分了，所以煮出來的雞肉口感不會柴。

水波蛋佐紅酒燉洋蔥

Poached Egg and
Red Wine Stewed Pearl Onions

在地中海飲食金字塔中，建議可適量攝取紅酒，若是不喝酒的你，可將紅酒用在料理上，加入蛋白質、蔬菜一起燉煮。待酒精揮發完全後，只留下紅葡萄果實成熟的香氣韻味，試試看，是簡單快速的一道紅酒料理。

材料

雞蛋…2顆

紅酒…180g

冷開水…1杯

珍珠洋蔥…4-5顆

新鮮香草…1株

海鹽…適量

黑胡椒…適量

作法

1 將珍珠洋蔥、新鮮香草洗淨，放入鍋中，倒入紅酒一起燉。

2 備一滾水鍋，取一小碗打入全蛋，再沿碗邊慢慢倒入冷開水，此時會看到雞蛋浮在正中間，將加了冷開水的蛋倒入鍋中，加熱關火燜約2分鐘。

3 以篩網取出水波蛋，與步驟1的食材、醬汁一起盛盤，以海鹽和黑胡椒調味後上桌。

Cooking Tips

一般人比較知道用醋來煮出成功的水波蛋，但其實用水就可以隔離整顆蛋，就像在蛋白外面築了一整圈的護城河，再入鍋中就可以完成水波蛋而且沒有醋味，口感是水水嫩嫩的。

Column
專業營養師這樣說
03

健身控攝取蛋白質的迷思

專訪——李婉萍營養師　　採訪撰文——李美麗

在「亞洲版地中海飲食建議」中，有一項是建議大家每天都要活動或活動，而近年來，愛好運動者也急遽增加中。對於健身愛好者來說，「增肌減脂」是常見的目標，為增加身體中的肌肉含量，補充蛋白質確實是當務之急，所以常看到健身控大量攝取雞胸肉、雞蛋、高蛋白粉…等。然而，有些健身控自恃運動量大，覺得「既然自己有在大量消耗，所以盡量補充」，這一類人士並沒有留意攝取量，這個想法就不盡然正確了。

我們在運動後，身體需要補充適量蛋白質、以進行肌肉修復。但在運動的同時，身體因為相對缺氧、體溫升高…等因素，會同步造成體內自由基增加。而自由基的增加會造成細胞膜被破壞…等一連串負面效應，對身體來說不是好事，這時該怎麼辦呢？

為了避免自由基的連鎖效應，就需要啟動身體的「抗發炎反應」，關鍵在於攝取大量蔬菜水果，就是這個階段該做的事。因此建議在從事一定強度的運動後，除了補充蛋白質，也不能忽略蔬果，比起僅吃雞肉等純蛋白質食物，添加了蔬果的雞肉沙拉會是更好的選擇。

此外，運動前，可以適量吃澱粉和蛋白質，以補充運動時的消耗。有些人為了瘦身，盡量少吃，餓著肚子進行大量消耗體力的運動，導致肌肉和肝臟裡的肝醣都被

用於平衡血糖,結果反而造成肌肉流失。
肌力運動前的攝取量不用多,大約1個小
型地瓜搭配1顆水煮蛋,或1個小型地瓜
搭配無糖豆漿,就是很好的補充方式,也
都是符合地中海飲食的食材,像地瓜不僅
能提供澱粉,也含有植化素,同時能修復
身體細胞。

　提醒健身愛好者們,不僅要吃足夠的蛋
白質,還要認真看待蔬果攝取量,才是促
進增肌的最佳方式,也實踐地中海飲食於
日常之中。

Part.3

一週一次的輕盈減醣點心

大部分女生都喜愛甜食,甚至有時覺得飯後沒有甜點就像少了句點一樣。但在地中海飲食中,幾乎沒有高糖分的點心品項,所以我自己很少吃甜食。每次學生詢問的時候,我會建議多用莓果和可以取代糖分的素材,自己在家做營養又不失美味的甜點。

想吃甜點的時候，
就來點莓果吧！

我自己平時幾乎沒機會吃甜點，但能了解每個女生都有個胃是特別留給甜點的，不過市面上的麵包、蛋糕、餅乾的普遍營養價值不高，還可能含有反式脂肪，吃多了容易導致身體發炎、發胖，還是有危害健康的危險。所以如果很想吃點甜甜的東西，我通常會選擇莓果或是做些減醣點心，偶爾滿足一下，所以本章節裡分享了一些簡單食譜。

而減醣點心的主食材，就是女生特別需要抗氧化、維生素C又多的莓果類，像是蔓越莓、藍莓、桑椹、黑醋栗…等，對了，還有櫻桃、覆盆莓我也很喜歡用。平時，我的包包裡一定會準備一盒藍莓，方便忙碌時隨時補充能量，又可以墊一下胃。如果你還是喜歡吃到「甜點」的感覺，那就多多運用它們來做點心，加上杏仁粉、椰子細粉、洋車前子細粉…等取代麵粉，讓碳水化合物含量比較低；而甜分來源的選用，像是赤藻醣醇、甜菊糖（有粉狀和液狀兩種）…等，可代替精緻砂糖，這兩種都甜度低、較不易造成血糖波動。

想嘗試健康飲食，從自己能接受的方式開始進行也是很重要的，才能持之以恆，有時不妨做一些減醣點心給自己打打氣吧！

希臘酸奶溫布丁
Greek Warm Pudding

材料
全脂牛奶⋯240g
雞蛋⋯2顆
鹽⋯2g
新鮮藍莓⋯20顆
糖粉⋯少許

我最喜歡只有新鮮雞蛋加牛奶的單純配方，
蒸烤好後倒扣，搭配我最愛的藍莓再撒上薄
薄糖粉！如果家裡有酸奶、優格也可以搭配
食用，酸酸甜甜帶著溫暖的奶蛋香，讓人意
猶未盡。

作法

1 將烤箱預熱至190度C,放入兩個布丁杯,於烤盤內加水至3/4的高度後,讓布丁杯和烤盤一起預熱。

2 取一大碗,加入牛奶、雞蛋、鹽,以打蛋器攪拌均勻,並以網篩過濾幾次,靜置備用。

3 將步驟2的蛋奶液倒入布丁杯中,再放入步驟1已加水的烤盤中,進烤箱烤30分鐘後取出。

4 取出後,確認一下是否已凝結定型,與新鮮藍莓、撒上一點點糖粉一起享用。

多穀物餅乾佐蔓越莓醬

Multi Grain Biscuit and Handmade Cranberry Jam

全穀物是地中海飲食希望大家常攝取、多吃
的食材，有時我會看看食物櫃裡還剩下哪些
穀物，把它們集合起來做這道餅乾，做法容
易而且營養多元，再佐上自製的鮮草莓醬，
非常絕配。

材料

[穀物餅乾]

無調味綜合堅果加燕麥…160g

楓糖…50g

橄欖油…35g

[蔓越莓醬]

蔓越莓…1/2鍋（18cm的鑄鐵鍋）

甜菊糖…8g（粉狀，甜度可調整）

作法

1 將堅果壓碎放入調理盆中，和其他材料攪拌
　均勻。

2 取步驟2材料，手捏成4-5個小餅乾狀。

3 接著製作蔓越莓醬，若是用新鮮蔓越莓，水
　洗後輕柔擦乾。

4 將蔓越莓放入鍋中，直接在鍋內攪破草莓，
　攪拌煮至釋出天然果膠且變稠之後，加入甜
　菊糖拌勻即可關火。

低醣櫻桃瑪芬

Low-Sugar Cherry Muffin

關於甜味來源的選用，我常用甜菊糖和赤藻糖醇。甜菊糖是天然甜味劑，不易使血糖升高、含碳量極低而且甜度較高，有粉狀和液狀的甜菊糖兩種，液狀的會有點苦味。而赤藻糖醇我比較喜歡，它沒有熱量，也不像其他的糖醇會造成腸胃不適，因為它在小腸就被吸收了，而且不會干擾甜點的味道。

材料

低筋麵粉…200g

甜菊糖…50g（粉狀）

無鋁泡打粉…2g

牛奶…100g

雞蛋…2個

植物油…50g

新鮮櫻桃…6顆（去籽切塊）

作法

1 取一大碗，倒入低筋麵粉、甜菊糖、無鋁泡打粉拌勻。

2 另取一碗，將打好的蛋液和牛奶、植物油一起拌勻。

3 將步驟2倒入步驟1中拌勻，馬芬先抹上奶油防沾黏。

4 倒麵糊入馬芬模，再加櫻桃塊，放入預熱至200度C的烤箱，烤30分鐘至麵糊不沾黏後取出。

① ②
③

橙香果凍佐藍莓醬

Orange Jelly with Blueberry Jam

材料

[橙香果凍]

新鮮橙汁…500g

寒天…5g

甜橙片…1片

糖粉…少許

[藍莓醬]

藍莓…1盒

每次買藍莓不小心買太多時，我總習慣做
這道果凍或煮醬來消化一下過多的份量。
一次可以多做一點，放在冰箱冷藏著，隨
時就有點心吃；或是拿來宴客，也非常上相
漂亮喔。

作法

1 倒新鮮橙汁入鍋，再加寒天粉。

2 以中小火慢慢攪拌，煮沸後繼續攪拌至勻後關火。

3 倒果凍液入模，放涼或放冰箱冰30分鐘以上至凝固。

4 接著製作藍莓醬，將洗淨擦乾的藍莓放入小鍋中。

5 將藍莓粒戳破，以中小火煮約10分鐘，慢慢攪拌煮至釋出天然果膠且變稠後即可關火。

6 倒取出果凍倒扣，擺上甜橙片，撒一點點糖粉增色，淋一圈藍莓醬一起享用。

溫烤鳳梨佐堅果優格

Grilled Pineapple Slices with Nuts and Yogurt

如果不習慣吃冷甜點的人，我會很建議你來試試這道溫甜點，製作非常非常簡單，微酸帶甜的鳳梨與優格、石榴籽非常合拍，溫溫熱熱地吃，讓心情都變好了！

材料
鳳梨片…數片
堅果…適量（壓碎）
無糖優格…1大匙
石榴籽…少許

作法
1 備一橫紋烤盤，放上鳳梨片炙烤出紋路、有焦糖香氣後，取出盛盤。
2 撒上壓碎的堅果、石榴籽，淋上無糖優格一起享用。

櫻桃馬斯卡朋楓糖杏仁片

Mascarpone, Maple Sugar with Almond and Cherry

馬斯卡朋起司是很好應用的起司種類之一，有時我會拿它來做快速甜點，佐上維生素C滿滿的新鮮櫻桃。除了杏仁片，可以自由換成自己喜愛的堅果類喔。

材料

櫻桃…數顆（切半去籽）
軟化的馬斯卡彭起司…150g
動物性鮮奶油…100g
楓糖…50g
杏仁片…少許

作法

1　取一大碗，放入軟化的馬斯卡彭起司和楓糖拌勻。

2　另將冰過的動物性鮮奶油放入乾淨無水分的攪拌盆中，攪打至8分發（約為濕性發泡之前的程度即停手），再與步驟1拌勻後盛盤。

3　放上剖半的新鮮櫻桃，撒上杏仁片、淋上楓糖一起享用。

專業營養師這樣說
04

為什麼常吃糖會讓你老？

專訪——李婉萍營養師　　採訪撰文——李美麗

在地中海飲食中，幾乎沒有人工糖，因為許多天然食材中已有天然甜味，就算是攝取澱粉類，也是低GI的類型。不過，醣類是提供人體所需能量的來源之一，不能完全不吃，適量攝取有助健康，過量則對身體有害。近年來醫學界發現，造成人體發炎、細胞老化等反應的元兇，就是因為攝取過多糖所引發的「糖化現象」。

「糖化」是糖分和蛋白質或脂質在人體內結合所引發的生理反應，這本來是人體正常的新陳代謝過程，但是當身體組織中累積了大量的糖化終產物（Advanced Glycation End Products，以下簡稱AGEs）時，這種黏著物便會堵塞血管，形成一連串發炎、器官劣化與疾病的問題。例如：

1 當糖分子與皮膚之中的膠原蛋白、彈力蛋白結合時，就會引發皺紋、皮膚彈力變差等狀況變差的情形。

2 當糖分子與骨骼中的膠原蛋白結合時，骨骼就會變得脆弱，引發骨骼疏鬆症。

3 當糖分子與胰島素（也是一種蛋白質）結合時，功能及結構會產生變化，這幾年已有醫學研究陸續發現糖尿病併發症和AGEs有著密切關係。

　　其他像是產生自由基、改變血管組織等，也都與糖化現象有關。因此預防糖化的產生，對於疾病預防、延緩老化都是有幫助的。

　　地中海飲食所攝取的澱粉類來源為高纖的五穀雜糧，屬於低GI的糖（血糖上昇不會那麼快），並適量攝取蛋白質，因此可以減少AGEs的生成。近來醫學界也提及，地中海飲食是可減少糖化終產物的飲食型態，嘗試讓日常飲食趨向地中海飲食法，健康將離你越來越近。

Part.4

用量販店食材嘗試地中海飲食

我家附近就有量販店,所以需要上課採買時,我
常去那兒逛,是我非常熟悉的採買場域。如果你
也是忙碌上班族或職業婦女,量販店裡的許多食
材已經很足夠讓你輕鬆做出地中海風格的料理來。

到量販店挖寶食材，
地中海飲食其實很親切

身為一位料理講師，常被學生們問：「老師！這個在哪買？這個是什麼？這個有看過耶，但不知道怎麼用」…等問題。我一向會回答大家：「其實量販店就能買到喔」。學生們問多了、聽多了，最後都知道老師使用的食材、配料，幾乎從台灣的各大量販店或超市就可取得，沒有例外！

當你看見一整桌色彩繽紛、配料新奇、營養滿點的環地中海料理時，除了眼睛一亮、充滿食慾，一定也會想要做出這樣的料理吧!?這時對於使用食材的認識及購買便利性必定是第一個想了解的，如果都依賴進口食材或必須單一店家才能購買得到，不但價格不親民，在購買區域上受到限制或是運費的額外開銷，也會大大降低做料理的熱忱及實踐新飲食的渴望！

在台灣，幾乎沒有太難採買的食材，而且種類極為豐富，從傳統市場、各類超市、大型量販店或專營小舖甚至網路下單…等，在我的採購經驗裡，還沒有買不到食材做地中海飲食的窘境，所以這本書裡的食材在傳統市場及大型量販店都能找到。不過，有時間的話，傳統市場仍然是我百逛不厭的第一首選，旅行每個國家都能從市場看見飲食型態、在地食材的特色，不僅非常有趣且收穫多多！

平時可以多善用量販店或超市的便利，也體驗到傳統市場挖寶新鮮新奇的食材，兩種購買方式彼此結合，相信會讓你的地中海飲食更加豐富多元！

庫斯庫斯與香腸鷹嘴豆

Couscous with Sausage and Chickpeas

材料
北非小米…1杯
德式香腸…2-3條
熱開水或雞高湯…適量
鷹嘴豆罐頭…1/2罐

鷹嘴豆起源於亞洲西部和近東地區，主要分佈於地中海沿岸，鷹嘴豆富含蛋白質、不飽和脂肪酸、纖維素、鈣、鋅、鉀、維他命B群…等，還含有微量元素鉻，能使人體內的胰島素活性和胰島素受體數量增加，以控制血糖。鷹嘴豆的不飽和脂肪酸能促進膽固醇代謝，防止脂質在肝臟和動脈壁沉積，而且能保護人體血管壁健康，是能多多食用的好豆類。

作法

1 將德式香腸放入滾水鍋中，煮至熟透後取出。

2 請參170頁泡熟庫斯庫斯的方式，盛盤後，
與香腸與鷹嘴豆一起享用。

蒜香檸檬大蝦
Garlic Lemon Shrimp

海鮮料理是我上課常示範的品項,如果在量販店買到好的大蝦,我習慣用最原味、方便的方式來烹調。雖然製作容易,但卻香氣十足、令人吮指回味。

材料

大蝦…5-6隻

橄欖油…1大匙

大蒜…5瓣(切碎)

新鮮檸檬…1顆(擠汁)

岩鹽…適量

黑胡椒…適量

作法

1 加熱平底鍋,倒入橄欖油,放入大蝦煎香,翻面後撒上大蒜碎。

2 擠入新鮮檸檬汁,以岩鹽與黑胡椒調味。

油漬鱈魚肝水耕鮮蔬沙拉

Torskelever and Hydroponic Vegetable Salad

罐裝鱈魚肝通常是以橄欖油做油漬，具有濃郁的香氣和口感，不論單吃、當成抹醬、搭配生菜沙拉、做酪梨鱈魚肝醬⋯等，都非常美味，魚油也要不浪費地淋在沙拉上喔。

材料
油漬鱈魚肝⋯1盒
水耕蔬菜⋯適量
新鮮起司⋯1片（撕碎）

作法
1 備一滾水鍋，放入洗淨的水耕蔬菜燙熟，撈起瀝乾水分。
2 以蔬菜為底，放上鱈魚肝並淋上魚油，撒上起司碎一起享用。

烤雞柳配庫斯庫斯雜蔬

Grilled Chicken Breast with Couscous and Vegetables

有時懶得煮晚餐的時候，我就會端這道菜上桌，因為一次能攝取到蛋白質、蔬菜、穀物，對了，也可以撒些綜合堅果碎一起搭配，味道更有層次。

材料

雞柳條…數條

庫斯庫斯…2 杯

熱的雞高湯…2 杯

無鹽奶油…30g

季節蔬菜…1 盤

橄欖油…2 大匙

匈牙利紅椒粉…1 大匙

海鹽…適量

黑胡椒…適量

作法

1 取一個碗，倒入橄欖油、紅椒粉、海鹽、黑胡椒，將雞柳條稍微醃一下，備用。

2 用熱的雞高湯泡熟庫斯庫斯，盛盤後，放入奶油拌勻。

3 備一滾水鍋，放入季節蔬菜燙熟，撈起後瀝乾水分，以少許海鹽調味。

4 備一橫紋烤盤，不用倒油，直接放入雞柳條煎熟，再搭配季節蔬菜和庫斯庫斯一起享用。

酪梨油漬彩色番茄
Avocado Oil Stain Cherry Tomato

材料

酪梨油…2大匙

彩色小番茄…1碗（切半）

新鮮羅勒葉…5-6葉

酪梨油是富含單不飽和脂肪酸與維生素E的好油脂之一，有時在量販店買到質地不錯的彩色小番茄時，我就會用來做這道油漬，當成簡單的配菜之一。

Cooking Tips

油漬法在環地中海飲食裡經常出現，選一支好的橄欖油或風味橄欖油來做這道菜，或是富含豐富葉黃素的酪梨油也很棒，酪梨油對於預防眼睛退化老花、用眼過度疲勞或近視者，都是很好的營養補充。

作法
取一大碗，放入切半小番茄、羅勤葉，淋上酪
梨油拌合即完成。

孜然牛肉配藜麥小米沙拉

Beef with Cumin and Quinoa Millet Salad

這道料理和「烤雞柳佐庫斯庫斯雜蔬」的製作概念很像，因為只要有橫紋烤盤就能完成，而且一次可吃到蛋白質、穀物、蔬菜…等，營養素多元。在地中海飲食裡，紅肉的攝取建議是少量吃，偶爾可做這道溫沙拉來試試喔。

材料

冷壓初榨橄欖油…1大匙

牛排…1塊（選低脂部位）

藜麥…125g

小米…125g

孜然粉…少許

鹽…適量

黑胡椒…適量

水煮玉米筍…1根

橄欖油…適量

作法

1 備一橫紋烤盤，倒入橄欖油，放入牛排，炙烤兩面至7-8熟，盛起靜置10分鐘；另將水煮玉米筍入鍋，讓表面稍有煎紋後取出。

2 請參97頁方式，將小米與藜麥煮熟。

3 將牛排盛盤，放上藜麥和小米，以孜然粉、黑胡椒、鹽調味即完成。

焗烤香腸蔬菜拌米形麵

Baked Orzo with Sausage and Vegetables

米型麵和香腸都是量販店裡能買到的食材，我選用的是德式香腸，來做這道味道濃郁的料理，記得要放上大量的蔬菜，才夠均衡，像是花椰菜或菇類都是不錯的組合。

材料
義大利米型麵… 200g
德式香腸…2條
季節蔬菜…1碗
焗烤用起司…1杯

作法
1 備一滾水鍋，放入蔬菜先燙熟，再放入德式香腸水煮至熟後撈出。
2 利用原鍋煮熟米型麵，撈起後瀝乾水分，放入烤盤中。
3 鋪上蔬菜、香腸，撒上焗烤用起司，以180度C進烤箱烤20分鐘即可取出。

萊姆風味橄欖
Lyme Oil Olive

罐裝橄欖也是量販店常見的食材，不知道該怎麼料理它嗎？其實只要淋上風味橄欖油或搭配香檳氣泡酒，就是一道超好吃的開胃小菜了。

材料

整粒綠橄欖…1瓶

新鮮萊姆…1顆

萊姆風味橄欖油…適量

作法

喜歡清爽口感者，將綠橄欖淋上新鮮萊姆汁拌勻即完成；若喜歡滑潤口感者，改淋上萊姆風味橄欖油，搭配香檳氣泡酒一起享用。

Cooking Tips

橄欖原是地中海地區盛產的一種常綠喬木果實，富含蛋白質、類黃酮素、花青素、多酚、脂肪、碳水化學物、鈣、磷、鐵…等營養素。橄欖含有多酚物質，能夠抗發炎、改善免疫功能，以及保護心血管系統的食療效果。市售罐裝漬橄欖很好買，除了方便直接搭配餐點以外，搭配不同風味的橄欖油更顯層次及滑潤口感。

紅椒粉蒜炒鯷魚白花椰

Fried Cauliflower with
Red Pepper Powder Garlic and Anchovy

在古代地中海的人們，會用油漬的方式來保存大量的鯷魚，先去內臟後再加入海鹽與橄欖油，橄欖油會阻絕空氣接觸魚身。我喜歡拿它來做提味提鮮使用，就算是很簡單的蒜炒蔬菜，也因此變得滋味鮮美起來。

材料

橄欖油…1大匙
白花椰…1/2顆
鯷魚罐頭…1/2罐
大蒜…2瓣（切碎）
匈牙利紅椒粉…1大匙

作法

1. 加熱平底鍋，倒入橄欖油和鯷魚，先清炒白花椰，再撒入蒜碎一起炒香。
2. 撒上匈牙利紅椒粉，確實拌勻即可關火。

萊姆香草烤鱸魚
Roasted Sea Bass with Lyme and Herb

鱸魚和許多魚類一樣，是很好的蛋白質來源。如果你對於煎魚沒什麼把握，或許可以試試用烤箱來烹調鱸魚，調味和做法都很簡單，不用費心思顧火，就能吃到魚肉的鮮甜滋味。

材料
鱸魚…1尾（去內臟）
新鮮香草…適量（百里香、迷迭香、鼠尾草、奧勒岡）
萊姆…1/3顆（切片）
橄欖油…適量
海鹽…適量
黑胡椒…適量

作法
1 洗淨鱸魚，用廚房紙巾按乾水分；烤箱預熱至180度C，備用。
2 取一烤盤，先淋些橄欖油，放上鱸魚後、在魚肚內塞萊姆片，於魚身表面抹上適量鹽和黑胡椒。
3 放上洗淨的新鮮香草，再淋些橄欖油，放入烤箱烤30分鐘，確認魚肉熟後取出。

百里香白酒燒綜合菇

Grilled Mushrooms with Thyme and White Wine

材料
蘑菇…6顆
美白菇…1把
大蒜…2瓣（切碎）
百里香…數支
白酒…1杯
橄欖油…1大匙
海鹽…適量
黑胡椒…適量

在量販店，菇類也是非常容易買到的食材，
它不像蔬菜要費心用流動的水清洗，只要用
廚房紙巾仔細擦乾淨表面，即可下鍋。記得
攝取菇類時，要選多種一起煮，才能吃到不
同的多醣體。

作法
1 蘑菇、美白菇免水洗，用廚房紙巾擦乾，切半備用。
2 加熱平底鍋，放入所有菇乾煎，待焦化產生香氣後，加入大蒜碎一起炒香。
3 淋上白酒，開大火讓酒精揮發。
4 放入百里香，再淋上橄欖油，以海鹽和黑胡椒調味即完成。

多彩優格冰果昔
Colorful Yogurt and Fruit Mousse

材料

A
無糖優格…適量
草莓…適量（或小紅莓、覆盆莓，切塊）

B
無糖優格…適量
酪梨…適量（切塊）
檸檬…半顆（取汁）

草莓、酪梨、檸檬、藍莓、芒果、各種莓果、奇異果…等，都是我喜歡的食材，在夏季午後或需宴客的時候，我常會製作果昔，因為顏色多樣，裝在透明杯裡很討人喜歡！

C
無糖優格…適量
芒果…適量（或柳丁或鳳梨，切塊）

D
無糖優格…適量
藍莓…數顆

作法
依欲食用的人數來計，比例為水果淨重
100g＋30g冰塊＋30g無糖優格，打成喜愛
的稠度即可。

樂食 Santé07

輕盈‧減齡‧防失智！地中海美味廚房

掌握飲食金字塔，台灣家庭也能實踐的健康減醣料理

作者	彭安安
營養諮詢	李婉萍
主編	蕭歆儀
採訪編輯	李美麗
特約攝影	王正毅
封面與內頁設計	TODAY STUDIO
出版總監	黃文慧
行銷企劃	莊晏青
社長	郭重興
發行人兼出版總監	曾大福
出版者	幸福文化
發行	遠足文化事業股份有限公司
地址	231 新北市新店區民權路 108-2 號 9 樓
電話	（02）2218-1417
傳真	（02）2218-8057
電郵	service@bookrep.com.tw
郵撥帳號	19504465
客服專線	0800-221-029
部落格	http://777walkers.blogspot.com
網址	http://www.bookrep.com.tw
法律顧問	華洋法律事務所 蘇文生律師
印製	凱林彩印股份有限公司
地址	台北市內湖區安康路 106 巷 59 號
電話	（02）2794-5797

初版 2 刷　西元 2021 年 8 月
Printed in Taiwan 有著作權 侵害必究

國家圖書館出版品預行編目(CIP)資料

輕盈‧減齡‧防失智！地中海美味廚房　掌握飲食金字塔，
台灣家庭也能實踐的健康減醣料理／彭安安著. -- 初版. --
新北市：幸福文化，遠足文化，2018.3
192面；17×23公分. --（Santé：7）
ISBN 978-986-95785-3-0（平裝）
1.烹飪

427.16   106018066

窩們

專屬女性
共同工作空間・計畫

理解，女人對夢想的堅持
需要一個契機
是「相信自己」的開始
是「施展身手」的場域
是「同理支持」的心意

我們，鼓勵所有女性
找回實現夢想的熱情與勇氣
窩們，提供可以突破想像的資源
一個融合生活・工作・家庭・自我的空間
串聯 Women Networking
為妳，串起更多可能性 ～

窩們 WOMEN SPACE

創業諮詢　空間租借　專業交流　生活共學
地址：台北市中山區復興北路70號9樓之1 / 電話：(02)2773-1280